底层逻辑

宋 嘉 张雍达 编著

抓住关键因素，看氵

中国纺织出版社有限公司

内 容 提 要

底层逻辑是最高级的思考方式，能够通过繁杂事物的表面现象，看到事物的本质。底层逻辑指的是从事物的底层、本质出发，寻找解决问题路径的思维方法。对于每个人而言，底层逻辑能力和解决问题的能力是密切相关的。

本书从底层逻辑的概念、如何培养和运用底层逻辑等角度出发，结合现实生活中的实例，进行详细地阐述和缜密地分析。掌握了底层逻辑，我们才能从容地面对不断变化的外部世界，希望人人都具备底层逻辑的能力，能通过现象看本质，从根本上彻底解决问题。

图书在版编目（CIP）数据

底层逻辑 / 宋嘉，张雍达编著. --北京：中国纺织出版社有限公司，2024.1
ISBN 978-7-5229-0841-0

Ⅰ. ①底… Ⅱ. ①宋… ②张… Ⅲ. ①成功心理—通俗读物 Ⅳ. ①B848.4-49

中国国家版本馆CIP数据核字（2023）第150121号

责任编辑：张祎程　　责任校对：高　涵　　责任印制：储志伟

中国纺织出版社有限公司出版发行
地址：北京市朝阳区百子湾东里A407号楼　邮政编码：100124
销售电话：010—67004422　传真：010—87155801
http://www.c-textilep.com
中国纺织出版社天猫旗舰店
官方微博 http://weibo.com/2119887771
天津千鹤文化传播有限公司印刷　各地新华书店经销
2024年1月第1版第1次印刷
开本：880×1230　1/32　印张：6.75
字数：115千字　定价：49.80元

凡购本书，如有缺页、倒页、脱页，由本社图书营销中心调换

前言 | PREFACE

无论在什么时候,人的命运都取决于思想和行动,人的成败都取决于价值和格局。思想和行动、价值和格局,也正是底层逻辑的核心。现实生活中,很多人不撞南墙不回头,不到长城心不死,最终因为固执己见、执迷不悟而一败涂地。正是因为身边有太多这样的人,才引起了我们的反思。即便如此,我们常常也会因为各种原因犯下同样的错误,所以一定要防患于未然,做到未雨绸缪。

在职场上,很多人以各种理由频繁地跳槽,他们或者认为公司不合心意,或者认为领导不好相处,或者认为同事是"猪队友",就是不从自己身上寻找原因。这使他们浪费了大量的时间和精力,在各家公司之间换来换去,最终在行业内再也无处可去。遇到问题只会从外部寻找原因,是他们始终无法摆脱失败的根本原因。只要换一种思维方式,意识到也许是自身出了问题,反省自身,就能更快地找到问题的症结所在,积极主动地解决问题,为自己的成长和发展铲除障碍。

除了频繁跳槽的人外,还有很多职场人士对于自己的职业发展和人生前途都缺乏规划。他们心比天高,总梦想着一蹴而就获得成功;他们心浮气躁,眼高于顶,狂妄自大,这使他们始终不能脚踏实地地勤奋和努力。长此以往，他们无论做什么事情都浮于表面，压根没有理解和领悟工作的真谛。

每一个职场人士内心深处都有很多迷惘和困惑，也常常会不知道自己应该去往何方。既然如此，就要学习底层逻辑。这样在陷入困境的时候，或者意识到自身发展极其坎坷的时候，才能够有意识地开阔心胸，形成大格局，也才能开拓视野，让自己看到更加遥远和值得憧憬的未来。学习底层逻辑的人拥有无穷无尽的想象力，内心充满了希望，也具有强大的学习力，在一切艰难的困境中能够通过现象洞察本质，也能够拨开迷雾重见天日。

在这个人人都渴望成功，不断寻找各种捷径奔向成功的时代里，我们必须沉下心来，复盘自己，反思自己。无疑，成功的光环是璀璨夺目的，但是大多数人注定要过默默无闻、平凡无奇的一生。唯有认识和接受这一点，我们才能怀着坦然从容的态度接纳自己的人生，也才能不骄不躁地创造属于自己的人生。

有些人总是试图模仿那些成功者，仿佛自己只要和成功者一样做到很多事情，就能和成功者一样获得成功，这当然是不可能的。成功是很多因素综合作用的结果，而非单一因素的作用，从这个意义上来说，成功可遇而不可求。当然，我们也不能在命运的长河中随波逐流，否则就会不知所终。对于人生，我们要像双手握沙一样，保持适度的力量，才能获得想要的结果。

底层逻辑是一切事物的共同点，也是富有生命力的。唯有掌握底层逻辑，我们才能从容面对不断变化的外部世界，也才能笃定自己的内心，坚守自己的人生。

编著者

2023年6月

目录 | CONTENTS

第一章
准确定位自己，让底层逻辑有据可循，落地生根

夯实基础，扩大人生的舞台　　　　　　　　003

没有人可以一蹴而就获得成功　　　　　　　007

干不好工作，更不可能创业　　　　　　　　011

无私忘我，才能做好工作　　　　　　　　　015

胸无大志，不如致力于挖掘第一桶金　　　　019

寻找合适的环境，发展核心竞争力　　　　　023

机会只属于有准备的人　　　　　　　　　　027

做最好的自己　　　　　　　　　　　　　　032

得体，是你发自内心的从容优雅　　　　　　036

第二章
以结果为导向，脚踏实地做好该做的每一件事

形成大格局，不要只顾蝇头小利　　　　　　043

明确自己对于公司的价值和意义　　　　　　047

加班不是为了磨洋工　　　　　　　　　　　051

过嘴瘾没有用，买十家才受欢迎　　　　　　056

让表现起到最大作用　　　　　　　　　　　060

这不是注重苦劳的世界，结果最重要　　　　063

第三章
精诚团结与协作,让自己就像一滴水融入大海

得道多助,失道寡助　　　　　　　　　069
个人利益让位团队利益　　　　　　　073
得了奖金怎么做　　　　　　　　　　078
没有永远的人情,只有永远的利益　　082
正确面对与同事之间的竞争　　　　　087

第四章
树立终身学习观,让自己变得更加优秀

谁说优秀的人不用努力　　　　　　　095
努力从来不是用来表演给人看的　　　099
抓住机会,创造机会　　　　　　　　103
不经历风雨怎能见彩虹　　　　　　　108
选择适合自己的赛道　　　　　　　　112
爱面子,不如爱学习　　　　　　　　117
只有学历远远不够　　　　　　　　　121
面对学习型对手,学习是你的唯一出路　126
每天进步一点点　　　　　　　　　　130

第五章
坚持提升能力,有能力才能树立信心,实现梦想

到底什么才是真正的"会"　　　　　137

抓住问题，就是把握机会	141
有价值的人不管走到哪里都受欢迎	146
在春天随时做好过冬的准备	151
不为失败找借口，只为成功找方法	155
优秀的猎手从来不缺猎物	159

第六章
形成好的态度，做一切事情都会水到渠成

谦虚谨慎，常怀空杯心态	165
认真观察，就能于细微处见真章	169
不挑剔工作，才能提升能力	173
但求无过，永远做不好工作	177
不焦虑，从容面对一切	181

第七章
学会沟通，与他人之间建立顺畅的交流渠道

不啰唆，养成言简意赅的好习惯	187
批评是一种艺术	191
不要轻易否定他人	196
任何时候，都要给人留面子	199
从最佳角度切入，沟通事半功倍	202

参考文献	205

第一章

准确定位自己,让底层逻辑
有据可循,落地生根

我是谁?我从哪里来?我要到哪里去?相信每个人心中都有过这样的困惑,不知道自己来自何方,又将要去向何处,这就是对于人生的迷惘。要想让自己的未来如愿以偿,要想自己的人生展现辉煌,就一定要准确定位自己,这样底层逻辑才能有据可循,也才能落地生根。

第一章
准确定位自己,让底层逻辑有据可循,落地生根

夯实基础,扩大人生的舞台

俗话说,靠山山会倒,靠树树会跑。虽然山倒和树跑的概率都微乎其微,甚至可以说绝无可能,但是哪怕有山可靠,有树可靠,我们唯一的依靠依然是自己。这是因为在这个世界上,每个人除了自己,根本不可能有任何人可以依靠一生。新生命从呱呱坠地开始,就要依靠父母的照顾度过漫长的一生,然而,对于每一个生命而言,即便是父母,也不能依靠一生。随着新生命不断地成长,父母渐渐步入中年,迈入老年,等到新生命真正地走向成熟,可以支撑起自己的一片天地时,父母也就老去了。这种情况下,父母非但不能继续照顾孩子,还要反过来依赖孩子,靠着孩子度过老年时期。孩子不能再在父母的庇护下生活,反而要为父母支撑起一片天空,让父母安享晚年。除此之外,成家立业使孩子有了自己的工作、事业和家庭,这意味着孩子既要带领下属打拼,也要对上司负责,还要照顾伴侣,抚养孩子。总而言之,每个人的人生都很不容易,一味地依靠他人是远远不够的,我们必须努力崛起,依靠自

己，拥有属于自己人生的舞台。

有一位大名鼎鼎的银行家事业有成，在业内颇有威望，对于成功的人生，他有着自己独到的理解。他认为，一个人要么有背景，要么有阅历，要么有经验，要么有过硬的专业知识和技能，否则，凭着什么立足于竞争激烈的职场呢？

具体来说，要想对自己进行价值定位，也就是夯实基础形成扩大人生舞台的底层逻辑，我们就要做到以下几点。

1. 脚踏实地做好属于自己的本职工作。现代职场上，很多人都是"这山望着那山高"，美其名曰："骑驴找马"，工作上却心不在焉，敷衍了事，结果非但没有找到更好的工作，反而有可能把现有的工作也丢掉了。

2. 珍惜自己的第一份工作。很多刚刚毕业的大学生对自己找到的第一份工作并不那么满意，但是迫于各种原因，他们只能先凑合做着第一份工作。这样的心态是要不得的。如果对于某一份工作很不满意，就不要急于接受这份工作，要相信只要耐心寻找，总能找到适合自己的工作。如果已经决定接受某一份工作，那么就要把这份工作做好，而不要心浮气躁。

3. 养成勤奋的好习惯。不管是谁，如果只有天赋，而不愿意努力，那么就会与成功绝缘。反之，没有天赋的普通人，只要全力以赴地投入工作，也有可能做出很大的成就。

4. 用心观察，努力学习。作为初入职场的小白，不可能既

第一章
准确定位自己，让底层逻辑有据可循，落地生根

有学识，又有经验，而对待工作，经验也是非常重要的。要想快速地积累经验，除了要多多经历，还要用心观察，虚心向每一位同事学习技巧，积累经验。在此过程中，要怀有空杯心态，放低自己，保持谦虚，才能学到更多的知识。

5. 让自己成为不可缺少的重要人物。在职场上，每个人都像是一颗螺丝钉，在自己的岗位上驻守，坚持做好自己的本职工作。有些人随时随地都可以被取代，这样的人往往是无足轻重的。相比之下，有些人则是不可缺少的，他们看似不起眼，却在工作中起到了至关重要的作用，作为职场中的一员，我们就应该成为这样不可缺少的人，才能实现自己的价值，证明自己存在的意义。

6. 提升自己的修养，让自己处处受人欢迎。一个人并非生来就很重要，每个人的价值和意义，都是在成长的过程中才逐渐形成的。我们要有意识地提升自己的修养，让自己变得品德高尚，这样才能建立良好的人际关系，形成自己的人脉资源。

每个人都要坚持做到以上六点，才能夯实基础，形成扩大人生舞台的底层逻辑。我们一定要时刻谨记，一个人最大的靠山不是任何人，而是自己，最大的后台也不是任何人，还是自己。尤其是初入职场的新员工，更要努力拼搏，凭着自身优秀的表现做好工作，切勿自怨自怜，认为自己作为新人既不被重视，也不被信任。不管做什么事情，都要有躬身下来虚心请教

的心态，对于点点滴滴的工作都俯身去做，才能积累经验，快速成长。

真正的千里马不会自以为是，更不会抱怨自己怀才不遇，相反，哪怕没有得到伯乐的赏识，千里马也会奔驰千里。是金子总会发光的，只要自己坚持做到最好，总能得到他人的认可和赏识，总能不断地扩大自己的舞台，让自己大显身手，一展宏图。

第一章
准确定位自己，让底层逻辑有据可循，落地生根

没有人可以一蹴而就获得成功

对于成功，每个人都有不同的理解。有的人认为成功就是好运气，因此误以为只要拥有好运气，就能轻轻松松获得成功；有的人认为成功就是不懈努力，以勤补拙，必须脚踏实地地付出，一步一个脚印地前行，才能距离成功的终点越来越近。前者对于后者嗤之以鼻，认为后者没有天赋，再怎么努力也是徒劳；后者对于前者不屑一顾，认为勤能补拙是良训，一分辛苦一分收获。爱迪生说，天才等于99%的汗水加1%的天赋。有些人只顾着付出99%的汗水，而忽略了1%的天赋；有些人却只强调1%的天赋，而不愿意付出99%的汗水。有天赋固然能够让我们更快地抵达成功，但是只有天赋而不愿意努力是绝对行不通的。一个人即使有很高的天赋，如果总是好吃懒做不愿意付出汗水，那么他绝不可能等到成功从天而降。

对于有天赋的人而言，成功就像是长出了翅膀，再有努力加持，就会更加迅速地获得成功；对于没有天赋的人而言，哪怕距离成功非常遥远，前进的速度也如同蜗牛一样慢慢吞吞

的，但只要持之以恒，就能不断地进步，距离成功也就越来越近。由此可见，天赋是成功的加速器，但是勤奋却是成功的必要条件，任何人离开勤奋和努力，都是绝不可能获得成功的。

一个人即使轻如鸿毛，也不可能被一阵大风吹到成功的巅峰。当我们站在山脚下仰望成功的巅峰，情不自禁地感慨成功的陡峭时，不如收起那些感慨，凿山为梯，一步又一步小心翼翼地往上攀登。面对成功，我们要满怀信心，要预先做好思想准备，意识到通往成功的道路必然充满坎坷与挫折。

在日本，稻盛和夫是人尽皆知的"经营之圣"。他在著作《干法》中分享了宝贵的成功经验，具体可以总结为以下四点：

1.持续树立远大的目标，作为努力的指引和方向；

2.比所有人都更加努力，才配得上拥有比所有人的成功更大的成功；

3.不要总是悲天悯人或者敏感多疑，更不要因此而产生感性的烦恼；

4.以极其严苛的方式锻炼和历练自己，充分挖掘自己的潜能，磨炼自己的意志力。

总而言之，就是要做好吃苦的准备，也要对自己满怀信心，对未来怀有必胜的信念和不达目的誓不罢休的毅力。

我们总是羡慕那些成功者有着得天独厚的条件，仿佛轻轻松松就能获得成功，其实，这是对于成功的误解。所有的成功

第一章
准确定位自己，让底层逻辑有据可循，落地生根

者展现在人前的也许是光鲜亮丽，而在人后他们却付出了常人无法想象的努力，也在遭遇坎坷困境的时候始终满怀毅力，绝不懈怠。正如古人所说的，吃得苦中苦，方为人上人，就是这个道理。

不可否认的是，每个人的确是有潜能的。然而，心理学家经过研究发现，大多数人穷尽一生，只能发挥出自身大概10%~20%的潜能，而绝大部分潜能就这样处于沉睡状态。一个人如果能够积极主动不遗余力地挖掘自身潜能，就能够以学习的方式不断地提升自身的能力，渐渐地就会变得越来越强大。需要注意的是，在自我成长的过程中一定要坚持正确的顺序，不要还没有努力就想成就自我，要在树立信心之后，拥有吃苦的决心和信念，不断努力拼搏最后才能真正地获取成功，成就自我。

俗话说，书山有路勤为径，学海无涯苦作舟。对于每个人而言，成功都没有捷径，那些试图不劳而获的人最终都会受到严厉的教训。明智的人都知道，成功始终遵循循序渐进的原则，因为他们既不会奢望一蹴而就获得成功，也不会奢望有捷径能够通往成功。在职场上，无论是经验丰富的老职员，还是没有任何经验的菜鸟，都要为自己制定目标，这样才能在目标的指引下坚持做好自己想做的事情，在水滴石穿、绳锯木断的坚持和韧性中接近成功。

具体来说，无论是职场菜鸟，还是职场老人，都要首先确

立目标,然后在目标的指引下坚持努力,不断成长。

1. 根据自身的实际情况和工作情况,制订学习计划和工作计划。古人云,一年之计在于春,一日之计在于晨,这充分告诉我们计划的重要性。做任何事情,如果没有计划,就会漫无目的,自然效率大打折扣。不管是对待学习还是对待工作,都不要冒进,而要坚持点点滴滴地积累和持之以恒地努力,才能由量变引起质变,在时间的发酵中获得想要的结果。

2. 有雄心壮志固然重要,但不要狂妄自大,也不要心浮气躁。越是树立了远大的目标,越是要做好坚持努力的准备。所谓十年磨一剑,告诉我们必须先做好该做的每一件事情,在漫长的岁月中始终坚持,才能真正做到厚积薄发。对于任何人而言,这就是成功的本质,也是成功必经之路。

3. 做好每一个细节。很多人一旦树立了雄心壮志,就会有一扫天下的野心,而完全忘记了古人的教训——一屋不扫何以扫天下。任何时候,都要坚持做好细节,才能兼顾整体。如果能够把每一个细节都做好,那么自然而然就能获得全局性的胜利。反之,如果做不好细节,那么更不可能做好整体。

4. 只想平步青云是不够的,还要有实干精神。在所有的领域中,都有人想平步青云,只有这样的想法而不愿意脚踏实地地付诸行动,那么就是痴心妄想。任何时候,都要于细微处见真章,才能发挥实干精神,让自己在学习和工作的道路上收获颇丰。

第一章
准确定位自己，让底层逻辑有据可循，落地生根

干不好工作，更不可能创业

当今世界最不缺的就是各种各样的创意，或者美其名曰"金点子"。在职场上，很多人一旦对工作不如意，就会选择辞职，还有很多人辞职的原因更是千奇百怪，例如有人觉得工作不好玩，有人想去外面的世界看一看，有人仅仅是因为觉得工作太辛苦。在生活中，也有很多人常常感到心情不好，缺钱花，不能随心所欲地买自己喜欢的东西，因而产生各种奇思妙想，最常见的想法是辞掉原本安稳的工作，选择去创业。现代社会中，很多人都把创业挂在嘴边，仿佛只要和创业沾上边，就能挣得盆满钵满，此生再也不需要为钱发愁，真正实现财务自由。不得不说，这样的想法真的太单纯，太幼稚，也太不切实际。

正如人们常说的，风险总是与机遇相伴而行。在看到创业蕴含的巨大机遇时，我们更要看到创业同时也伴随风险，有可能会让我们蒙受巨大的损失。在现实生活中，没有什么创业是无任何风险的，而且百分之百能够获得成功。既然如此，我

们在因为各种原因而想要冲动地创业之前，不如先扪心自问：如果我们连这么简单的工作都做不好，那么就一定能够创业成功吗？和当员工相比，当老板显然是更难的。遗憾的是很多员工都没有意识到这个道理，他们作为员工一味地认为自己需要干很多工作，还会因为在工作上出错而被老板或者上司批评，真是劳心费力。其实，一旦当了老板，曾经的员工就会恍然大悟：原来，当老板这么辛苦！不但不能做到高枕无忧，而且比当员工做的工作更多；更糟糕的是，一旦遇到紧急情况或者经营危机，老板必须挺身而出，不但要带领全体员工度过危机，还要想尽办法筹钱给员工发薪水。总而言之，当老板操的心可比当员工操的心多多了。

在很多公司里，每当召开会议之后，一些员工被老板或者上司批评，就会因为一时气愤想要去创业当老板。殊不知，当不好员工的人，压根不可能当好老板。纵观那些在商海沉浮中获取胜利的人，没有一个是因为不想当员工转而去创业的；相反，他们都是曾经在职场上叱咤风云、出类拔萃的精英。优秀的员工不但在工作上取得成绩，而且也积累了丰富的经验，所以在创业的过程中，才能发挥自身的能力，调动自身的经验，过五关斩六将，获取创业的成功。

除了这些有志向，也对现状不满的人想要创业外，还有些人始终都是踏踏实实、勤勤勉勉地工作。难道他们不想当老板

第一章
准确定位自己，让底层逻辑有据可循，落地生根

吗？当然不是，而是因为他们能够准确地定位自己，知道自己至少目前还不具备创业的能力，他们深知，所谓打工从本质上来说就是一件低风险却高收益的事情。一个新人进入职场，在工作的过程中难免犯错，但也可以借助职务之便增长见识，积累经验；换而言之，新人就是一边领着老板的薪水，一边努力培养自己，使自己的能力和信心都得到增长。在初入职场的几年中，新人哪怕犯了一些错误，只要不是原则性错误，或者不是故意为之，公司都会为新人的错误买单，其实，只要能够换一个角度看待问题，职场人士的内心就会更加平和。

在销售行业中，刚刚入职的新人也是有薪水的，哪怕他们在前几个月里很难为公司创造利润。公司在新人身上投入了大量成本，不但要给新人发薪水，给新人提供各种学习的机会，还要为新人的错误承担责任。相比起来，创业不但没有薪水可以领取，还要给员工发薪水，而不管公司是否有利润，这些开支都是要付出的。有些人借了很多钱开办公司，却在公司开始运转之后才发现经营公司并不像自己想象得那么容易，到处都要花钱，成本巨大，而员工并不得力，还常常给自己闯祸。也许直到此时，我们才会知道作为员工有多么幸福，而作为老板又有多么辛苦。

我们不应该把创业当成是工作失利的逃避之所，越是在工作上面对困难或者遭遇挫折，我们越是要鼓足勇气，全力以赴

做好工作，哪怕真的有创业的想法，也要在工作上渡过难关之后寻找合适的时机。尤其是在没有积攒人生第一桶金的情况下，更是不要把所有的希望都寄托在创业上，有些人不惜借款创业，一旦创业失败，就会蒙受巨大的损失，可谓得不偿失。

俗话说，万丈高楼平地起，但高楼大厦必须有稳固的根基，否则是无法拔地而起的。如果没有稳定的根基，把高楼大厦建立在半空中，这是当然不可能的。因此，要想获取成功，必须有理性正确的底层逻辑，扎扎实实地做好自己的本职工作，脚踏实地地在工作中学习知识，积累经验。记住，必须打好基础，才能负责更高级的工作，也必须做好更高级的工作，才有可能独当一面，成为创业者。

知识的积累和能力的提升是循序渐进的过程，不要急于求成。每个人都要从基础开始努力，都要从下到上不断地晋升，才能在职场上有更加出色的表现。西方国家有句谚语——不想当将军的士兵不是好士兵，然而，在当将军之前，这个士兵必须当好士兵，才有资格成为将军。

第一章
准确定位自己,让底层逻辑有据可循,落地生根

无私忘我,才能做好工作

对于工作,很多人都有私心,他们从不认为工作应该是无私的,反而觉得工作的目的就是赚钱,如果能够耗费更少的时间和精力而赚取更多的钱,那么他们会觉得这样的工作才值得。反之,对于那些有一定难度,需要付出很多时间和精力才能做好的工作,他们则会抱怨薪水太低,得不偿失,付出与收获不成正比。在这样的抱怨中,他们只会越来越觉得工作辛苦,对待工作也就没有更多的动力,缺乏积极向上的心态。

细心的人会发现,在职场上,大多数出类拔萃者都是因为对待工作充满热情,无私忘我,想尽办法把工作做到最好,而不会对得失斤斤计较。这样的人往往有着大格局,对于自己的职业前景满怀憧憬,所以他们不会计较一时的得失,而是会看到在工作的过程中除能够得到薪水之外,还能够积累丰富的经验,也能够增加职场上的阅历。相比之下,薪水只是他们为了维持自身生存和成长的必要所得,而非最重要的收获。从个人成长的角度来说,丰富的工作经验才是最重要的。

除了对待个人工作私心太重之外，还有些人在职场上的人际关系中也不忘"私心"。例如，有些职场新人会寻求额外的照顾，通过拜托亲戚朋友拐弯抹角地认识公司高层，只为了能够得到特殊对待。殊不知，在职场上，一个萝卜一个坑，每个人都要凭着自身的努力才能真正站稳脚跟。退一步而言，即使真的因为得到了特殊照顾而能够暂时得到庇护，有朝一日，也必然会因为自身能力不足而惨遭淘汰。此外，作为上司，也不要轻易地照顾某一个下属，要知道，真正对下属负责的态度，就是让下属在工作的过程中得到锻炼，也借助于各种工作机会磨炼下属的意志，这样下属才能不断地成长，最终成为职场上独当一面的精兵强将，才会有出色的表现。

反过来看，在职场上真正没有私心的人，才能做到举贤不避亲。这与处于某种关系而特别照顾某个人是截然不同的，意味着对于那些真正有才华的人，哪怕是亲戚或者朋友，我们也能做到大力举荐对方，而丝毫不担心会因此而落人口实。能够做到这一点的人，才是达到了无私忘我的至高境界。

如今的职场上竞争非常激烈，每个人是否能够在职场上为自己赢得一席之地，要看他们能否为公司创造真正的价值，也取决于他们能够为公司做出多大贡献。有些职场新人总是担心公司的制度缺乏公平性，其实这样的担心完全是多余的。古人云，不患寡而患不均，对于每一位职场人士而言，不管公司的制度是否能够做到绝对公平，只要该制度适用于公司里的所有职员，那么就是公平的制度，对于每个人而言就都是标准制度。这就更加要求作为公司管理层要对所有职员一视同仁，而公司职员则要彻底打消寻求特殊对待的欲望，拼尽全力争取做到最好。

对于所有人而言，不管做什么事情，唯一不可缺少的内在动机就是"心"。当心中产生了私心杂念，在做一切事情的时候动机就无法保持纯粹。有些人不管是做人还是做事情，都不能脚踏实地，而是一门心思地想要找关系，套近乎，想要凭着自己或者身边人的人脉关系走捷径。在团队之中，很多人都会远离这样的人，也会鄙视他们的存在，因为他们破坏了团队公平。偏偏这样的人却毫不自知，甚至，还有些人会因为有这样的关系可以利用而沾沾自喜，自觉高人一等呢！殊不知，他们只能凭借特殊关系而得到一时的庇护，没有人能够始终庇护他们，更不可能一直给予他们特殊对待。在懂得这些道理之后，他们才能摒弃私心杂念，不再奢望走捷径，或者轻轻松松地就得到更好的对待，他们会更加勤奋踏实地做好自己该做的事情。

一个人只有摒弃私心，才能心无杂念地做好该做的事情，也才能专注地做好本职工作。不管是做人还是做事，只靠着歪门邪道是不可能长久成功的。换一个角度，从公司发展的角度来看，公司经营也必须没有私心，任人唯贤，而不要以裙带关系为用人准则，这样公司才能获得长久的发展。很多家族企业之所以一时兴盛，而随着不断发展就会出现各种问题，恰恰是因为他们没有选用更多的人才，把好的工作岗位交给宗亲，长此以往，家族企业的发展就会受到限制和禁锢，在如同大浪淘沙一样的商海中，自然会呈现衰败的迹象。

总而言之，不管是个人发展还是企业发展，都要摒弃私心，专注于成长，才能拥有美好的前景和未来。

第一章
准确定位自己,让底层逻辑有据可循,落地生根

胸无大志,不如致力于挖掘第一桶金

对于未来,有些人是有远大志向的。他们为自己确定了目标,不管成长和前进的道路多么坎坷,始终一往无前,哪怕遇到挫折和磨难,也能不忘初心,砥砺前行。对于人生,有些人却始终处于懵懂状态,既没有明确的目标,也没有正确的方向,长此以往,他们就陷入了浑浑噩噩的状态,上班就是混日子,秉承当一天和尚撞一天钟的想法,敷衍了事,对待工作不求有功,但求无过,结果是一事无成。

虽然我们始终倡导人人都要立志,但是实际上,有很多人并没有树立大志,难道这些人就注定要默默无闻,平庸一生了吗?当然不是。哪怕心中没有诗和远方,只要能够脚踏实地地走好每一步,我们依然可以在人生的漫长道路上砥砺前行。对于还没有想好要达到怎样的人生高度的人而言,不如致力于挖掘人生中的第一桶金。毕竟,对于任何人而言,不管将来要做什么事情,都需要启动资金,有了第一桶金,才能真正地开始行动起来!

在职场上，很多管理人员每当看到一种员工都很发愁，这种员工是怎样的呢？具体来说，他们不爱钱，或许是因为不缺钱，或许是因为对钱的欲望很低，对于这样的员工，只靠着加薪是无法激励他们的。此外，他们也不想升职，因为他们觉得职位越高，需要承担的责任就越大，需要付出的时间和精力就越多，而他们工作的目的仅仅在于维持基本的生存，他们更愿意把时间和精力用于做想做的事情。长此以往，他们对待工作就会感觉疲惫，完全是敷衍了事。但是，他们又不能不工作，或者是因为一天的时间太过漫长，很难打发，或者是因为自己待在家里觉得无聊，需要有人陪伴。对于这种把工作当成副业的人，管理人员总是无计可施。相比之下，对于那些极其爱钱，也有着强烈赚钱欲望的员工，对于那些一门心思想要爬到更高职位上的员工，管理人员是更加欢迎的。

最近，前台文秘刘娜每天都无精打采，对待工作也三心二意。看到刘娜的表现，行政主管张杰很担忧。一天中午，刘娜吃完午饭后又恹恹欲睡地趴在工位上，即使有同事去询问一些事情，她也爱答不理的。张杰趁着同事们都在休息，把刘娜喊到办公室里，问道："刘娜，你觉得人为什么要工作呢？"刘娜不假思索地回答："不知道，我不知道别人是怎么想的。"张杰又问："那么你呢，你是怎么想的？或者，你为

第一章
准确定位自己，让底层逻辑有据可循，落地生根

什么要工作呢？"刘娜不以为然地说："我嘛，工作就是为了赚钱。""那么，你对现在的薪资水平满意吗？"张杰的追问让刘娜忍不住笑起来，她说："钱嘛，当然是多多益善，不过就维持现在的水平也行，已经够我买衣服和化妆品了。"

听到刘娜的回答，张杰忍不住在心中叹了口气。他最担心的就是遇到这样的员工，既不求晋升，也不求高薪。看着刘娜听天由命的模样，张杰忍不住启发刘娜："刘娜，你如果不是强烈地要求晋升，可以努力赚钱啊！"刘娜忍俊不禁，说道："张总，您和其他老板还真是不一样呢！我的好多朋友都吐槽，说他们的老板天天给他们洗脑，让他们不要只盯着钱，而谈虚无缥缈的理想啊，目标啊。您可真实在，支持我一门心思只想赚钱。"张杰无奈地说："我也想让你有理想有目标，但是既然你对晋升不感兴趣，就只能以赚钱为目标了。总而言之，对待工作一定要有所图，不然我们整日耗在公司里虚度光阴，又有什么意义呢？"听了张杰的话，刘娜若有所思。

俗话说，钱不是万能的，但是没有钱是万万不能的。一个人在树立远大的理想和目标之后，自然能够拥有源源不断的动力，向着目标前进。但是，如果没有理想和目标，对待工作就会疏忽懈怠，尤其是在工作上遇到难题的时候，就更容易放弃，不能激励自己勇往直前。为了弥补没有树立理想和目标的

不足，可以以赚钱为目标，毕竟在现代社会中生活，任何人没有钱都寸步难行。从这个意义上来说，作为职场人士应该反思自己的心态，及时树立目标，如果一时之间不知道自己的目标是什么，也可以以赚钱为切实可行的目标。

现代职场上，很多人最大的梦想就是实现财富自由。其实，人的欲望是无止境的，在赚钱很少的时候，也许会买便宜的衣服和食物，等到赚钱很多的时候，就会想要买更贵的衣服，享受更加极致的美味，也会由此而产生更多其他的需求，例如去环游世界等。总而言之，很多事情都需要金钱作为支持，既然如此，我们当然要抓住机会赚钱，也要真正成为金钱的主宰者，利用金钱做更多有意义的事情。

第一章
准确定位自己，让底层逻辑有据可循，落地生根

寻找合适的环境，发展核心竞争力

俗话说，三百六十行，行行出状元。这告诉我们，在社会生活中，很多人都在从事不同的职业，只要潜心下来做好自己的本职工作，就能够在属于自己的领域中做出成就，引人注目。可见，先选择合适的领域，确定自己的行业，才能发展核心竞争力，让自己在相关领域中做到优秀和卓越。反之，如果选择了自己不喜欢的行业，或者是自己不擅长的行业，那么必然导致事倍功半，虽然付出了很多努力，但是却没有收获预期的效果，这是每个人都不愿意看到的。

这就对我们提出了要求，即要进行双重定位：首先，对自己进行定位，知道自身的能力达到了怎样的高度，如何才能发挥自己的优势和特长，弥补自己的短处和不足；其次，对自身所处的环境进行定位，知道自己应该在怎样的环境里才能取得更好的发展，应该如何改造和营造适合自身发展的环境。

每个人要想发挥自己的优势和特长，发展自己的核心竞争力，都离不开适宜的环境。有的时候，我们非常幸运，轻轻松

松就得到了适合自己的环境；有的时候，我们非常艰难，发现外界的环境并不适合自身的发展，那么就要努力改造和营造环境。总之，我们必须有合适的环境，才能实现自身的更大价值。曾经，很多人怀才不遇，一生郁郁寡欢，就是因为没有适合自身发展的环境。相信很多读者都知道范进中举的故事，那么就会知道范进在年轻的时候受到科举考试的毒害，始终运气欠佳，没有考中任何功名。他一生都在考取功名，却在最终如愿以偿的时候因为狂喜而心智迷乱。现代社会，每个人都能通过学习改变自己的命运，这对于所有人而言都是公平的。有些孩子出身贫寒，只要努力学习，就能把握自己的命运，这是何其幸运的事情啊！对于那些没有学习天赋的孩子，也可以以其他方式谋生，或者是学习一门技术，或者是做自己擅长的事情，总之只要勤奋努力，都能生活得很好。

周一例会之后，马总难得没有当即离开公司，而是待在办公室里。趁着这个机会，小艾赶紧去马总的办公室，向马总提出了自己的请求，她说："马总，我想调到销售部门工作。"马总很惊讶，当即问道："为什么？你很擅长设计啊！"小艾不好意思地说："我听说销售部门的薪水很高，我想试一试。毕竟对我们这样的北漂而言，能多赚些钱总是好的。"听完小艾的理由，马总毫不迟疑地拒绝了小艾，说道："不行，绝对

第一章
准确定位自己，让底层逻辑有据可循，落地生根

不行！"小艾疑惑不解，问道："为什么不行？我是调转部门，不是辞职，我还想铆足劲成为公司的销冠呢！"

马总忍不住笑起来，却又马上收敛笑容，一本正经地对小艾说："小艾，我相信你会成为很优秀的设计师，因为你已经表现出了天赋。但是，我不认为你去销售部门能生存下来，你能经常陪客户吃饭，烈日下顶着大太阳到处奔波吗？你能每个月都面对清零的业绩，承受巨大的压力重新开始吗？你能和同事之间争得面红耳赤，只为了争抢一个客户吗？"马总的话把小艾说得哑口无言，马总继续说道："如果你认为薪水不够，我可以给你增加10%的薪水；只要你继续踏踏实实干设计，你早晚有一天会成为公司的首席设计师，到时候你的薪水会成倍增长，不会比优秀的销售低，且无须面对巨大的销售压力。"小艾听后由衷地点点头，对马总的分析心服口服。

在设计领域，小艾的确如鱼得水，从一进公司就表现突出，这使她自我感觉良好，还以为自己进入销售部门也能顺风顺水呢！其实，每个人的天赋和所擅长的领域都是不同的，有的人擅长艺术，有的人擅长理性思维，有的人擅长文字，有的人擅长技术。我们一定要准确地定位自己，知道自己在哪个领域中才能最大限度地发挥天赋，发挥特长，成就自我。如今，很多职场人士这山望着那山高，常常因为小小的不如意就要换

工作，或者因为羡慕他人的高薪高福利就要盲目地追随他人，不得不说，这样的决定是完全不可取的。

不管从事什么工作，如果没有五年的时间精耕细作，我们就断言这份工作没有前途，盲目地调换工作，那就是对自己极大的不负责任。当然，宝贵的青春时光是非常短暂的，每个人都没有若干个五年可以浪费。既然如此，不如在给自己定位之后，也深入地了解自己感兴趣的行业，从而做到选一行爱一行，爱一行就坚持一行，这样才能避免因为频繁地跳槽而浪费宝贵的青春时光。

第一章
准确定位自己，让底层逻辑有据可循，落地生根

机会只属于有准备的人

人人都想得到机会，尤其是那些千载难逢的好机会，更是可遇而不可求。当看到身边的人因为抓住了好机遇而一夜成名，我们忍不住羡慕嫉妒，也想像身边的人那样获得令人羡慕的成就。只可惜我们忽略了一点，那些成功者并非凭着守株待兔的精神抓住机会的，他们的成功不像我们作为旁观者看起来那么轻松，反而还付出了很多的努力和长久的坚持，他们每时每刻都做好了充分的准备，这样才能得到机会的青睐，也才能在机会到来的时候毫不迟疑地抓住。

正如人们常说的，机会只属于有准备的人。越是好机会，越是转瞬即逝，越是好机会，越是需要瞪大眼睛随时猛扑过去才能抓住。在这个世界上，从来没有一蹴而就的成功，更没有真正的一夜成名。每一个人在出生的那一刻都是简单而又平凡的，是后天不断的努力才让他们熠熠生辉，才让他们全身都散发出光芒。从这个意义上来说，我们不但要看到成功者光鲜亮丽的一面，也要看到成功者为了成功而做出的加倍努力。无数

个夜晚，有人在纵情狂欢，有人在挑灯夜读；无数个白天，有人在敷衍工作，有人在拼尽全力。常言道，一分耕耘一分收获，虽然有的时候努力了未必有收获，但是如果不努力，就注定没有任何收获。既然如此，为何要虚度光阴呢？与其白白地浪费青春时光，不如争分夺秒地投入战斗，这是我们为自己而打响的战争。

也有人抱怨自己从未得到任何机会，其实，这是对于命运的误解。命运对每个人都是公平的，对所有人而言，机会一直都在，区别只在于有人时刻准备着抓住机会，而有人却因为没有准备只能眼睁睁地看着机会从自己的面前溜走。

还有半个月，公司就要推出新的产品了。老板非常重视这个项目，特意把全程参与项目的小丽叫到办公室里。老板和颜悦色地问小丽："小丽，对于即将上线的这个项目，你有什么想法吗？"小丽毫不迟疑地对老板说："老板，放心吧，这个项目没有任何问题，一定能够顺利上线。"听了小丽的话，老板更加忐忑了，尴尬地苦笑道："你越是这么说，我越是不踏实。按照以往的惯例，新的产品在正式上线之前，一定会有很多细节需要关注。"

听到小丽只会保证没问题，老板只好问一些细节问题。老板问："那么，产品的推广方案已经做好了吗？我记得是由你来负责这方面的。"小丽略微迟疑片刻，说道："还没有完全确定，不过我已经开始构思了。"老板不由得火冒三丈，说道："小丽，我半个月前就在会议上指明让你来负责推广方案，现在已经半个月过去了，再有半个月产品就要正式上线了，但是你却告诉我你在构思？你可知道，设计方案不是你设计完就能用的，还要反复开会研讨和修改呢，你预留出时间了吗？"小丽被老板呵斥得面红耳赤，当即保证："您放心，我三天就能上交。"老板当即拒绝道："不用了，我会安排其他同事负责这件事情。从现在开始，你不要再参与新项目了。"小丽不由得瞠目结舌，她万万没想到自己就这样失去了这个千载难逢的好机会。让小丽更加懊恼的是，老板选定的新项目负责人杜伟才用了一天时间，就上交了非常完美的设计方案，还得到了老板的当众表扬！

和小丽相比，杜伟显然是时刻准备着担当大任的，所以才能在关键时刻抓住这样的好机会，大显身手，不但赢得了老板的认可和赏识，也为自己未来的职业发展铺平了道路。

对于患有拖延症的人而言，哪怕机会就停留在他的面前，始终等待着他，他也会因为接二连三的延误而彻底失去机会。就像事例中的小丽，因为没有积极地思考而失去了机会，和小丽不同的是，还有些人虽然能够积极地构思，但是却因为不能当即开始行动，而导致自己面对机会无能为力。如今的职场上最不缺少的人就是各种"金点子"，很多人在内心深处都有很多想法，但是他们是典型的空想家，每天晚上入睡之前都会有各种想法涌现出来，而等到次日真正要做的时候，又会打消自己的各种念头，使自己继续重复昨日的生活和工作。从心理学的角度来说，这是因为他们的想法都处于浅思考的层面，而没有真正落到实处，也就没有形成切实可行的行动方案和计划，更没有具体的规划步骤。

如此一来，随着时间的流逝，这样的空想家只能对他人的成功表示羡慕嫉妒，而对于自己在某个领域的发展却没有积累任何经验，更没有掌握任何技能，还没有做好任何准备。对于这样的职场人士而言，哪怕机会真的就在眼前，也注定要错过，而无法抓住。虽然每个人的天赋是不同的，有的人特别有天赋，而有的人则资质平庸，但是只要勤奋，也能以勤补拙，提升自己各个方面的能力。总之，做好准备总比没有准备好，多学习一些知识和技能总比毫无收获好。

对于工作中的诸多机会，有些人还会眼高手低，认为机会不值一提，因而不愿意抓住机会。然而，小机会往往预示着大机遇，一旦错过了小机会，那么就无法抓住真正的大机遇。在工作的过程中，我们并非总是遇到那些惊天动地的大事，更多的时候，我们遇到的都是细微的、于小处见真章的小事。例

第一章
准确定位自己，让底层逻辑有据可循，落地生根

如，当需要为领导打印一份合同的时候，如果因为一不小心打错了字，甚至把数字的小数点搞错了，虽然错误是很小的，有时也会导致很严重的后果，为此，我们很有可能失去期盼已久的机会，也许只是因为这个小小的错误，老板就不会再重用或者信任我们。哪怕是诸如给文件订上钉书钉这样的小事情，我们都要一丝不苟地做好，因为这也是准备的一部分。

所以，对待工作再也不要眼高手低了，不管是多么微不足道的事情，我们都要全力以赴做好。每时每刻，同事、上司甚至是老板，都在考察我们的工作表现。不要因为机会还没有到来就疏忽懈怠，而是要时刻准备着，才能从身到心地做好准备，才能抓住不期而至的机会。

做最好的自己

安静是一名普通的员工,看似和大家没什么区别,实际上她却有自己的想法,和大多数同事对待工作都是敷衍了事的态度不同,她发自内心地热爱自己的工作,也把自己真正当成是公司的一分子,因此她经常积极地为公司提出建议,也会抓住各种机会向上司提出自己的不同意见。

这天早晨,安静早早地来到公司,就因为她知道上司习惯于提前一个小时到达办公室,而她早就准备好了一些建议。为了避免上司尴尬或者难堪,安静认为趁着大家都还没有来上班,单独地向上司提出意见是最佳选择。上司刚来到办公室,安静就拿着小本去找上司,逐条向上司提出以下意见:

1. 其他公司会为员工准备下午茶,或者是工间水果,我们也应该给大家提供这样的福利待遇,让大家感受到如同家庭一般的温暖。

2. 公司规定要按时到岗,而且迟到必须缴纳罚款,所以大家通常都能提前到岗。但对于偶尔因为不可抗力因素导致迟到的员工，应该给予宽容和谅解，不应该缴纳罚款，例如遇到大堵车，或者半路车胎爆胎等。

3. 对于我们销售部门，在成功签约之后不但要给予提成和奖金，最好还能奖励带薪假期，组织员工们进行团建，或者各自度假，这样员工们才有彻底放松和休息的时间，避免因为长时间绷紧工作的神经而不堪重负。

说完，安静就以期待的眼神看着上司，她的眼睛里闪耀着光芒，似乎只要上司采纳了她的建议，公司就能发生彻底改变一样。上司问安静："你觉得我会采纳你的意见吗？"安静毫不迟疑地点点头，说："当然，您一直都要求我们把公司当成家，也要求我们真心地为公司提出意见。"上司又说："的确，你的建议很不错，但是你仅仅是从员工的角度考虑问题，而没有想到如果采纳了你的建议，公司将会极大程度地增加成本。在如今的市场状况下，公司生存原本就很艰难，你可以四处打听打听，有多少公司都削减了办公经费，采取给员工降薪的方式共渡难关。"安静被上司问得哑口无言，一时之间不知道该说些什么。最终，上司拒绝采纳安静的建议，而且提醒安静要更加专注于本职工作，不要逾越工作的职权范围。安静恍然大悟，自己此前提出的一两个小建议之所以被采纳，是因为那些建议与她的本职工作有关，而且也没有给公司造成负担。显而易见，她现在的举动已经逾越了自己的工作范围，给上司

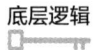

造成了困扰，也使公司面临增加成本的可能。

从此之后，安静不再随便提出意见，更不会盲目地要求公司进行改革。她专注于工作，很快就把工作做得非常出色。后来，她的职位得到提升，职权范围越来越大，也可以在自己的责任和权力范围内做出一些改进措施了。

对于安静而言，虽然满怀热情地对待工作，把自己当成公司的一分子是很好的，但是她却犯了职场上的大忌，即越过自身的职权，去做分外之事。在整个公司的组织结构内部，每个人因为所处的位置不同，所以在考虑问题时的出发点和着重点都是不同的。例如，安静很看重员工的福利待遇，而作为上司，则要为整个部门的工作进行权衡，作为老板则要统观全局，争取实现组织的平衡发展，保证每一个员工都能按时领到薪水。

具体来说，安静的不当之处体现在以下几点：

1. 安静说的固然有道理，但是实现起来却并不容易。整个公司牵一发而动全身，任何公司层面进行的微小改革，都会对整个公司的经营和运转情况起到很大的影响。显然，这一点超出了安静的认知范畴，是她所不曾考虑的。

2. 在公司内部，层级是很明显的。常言道："不在其位，不谋其政"，就是这个意思。安静要想以一己之力推动公司进

第一章
准确定位自己，让底层逻辑有据可循，落地生根

行改革，最重要的是先做好本职工作，否则如果连本职工作都不能做好，那么更没有权力对公司其他方面的发展指手画脚。

总之，在公司内部，每个人不管具体负责什么工作，都要努力做好自己该做的事情，才能在完成分内之事的同时证明自己存在的价值和意义。作为员工要专注于自己的工作，聚焦于自身的能力和职权范围，以此作为自己起飞的起点，从而对自己有全面且充分的认知。唯有如此，自身才能快速成长，自己所负责的具体工作才能得以圆满完成。归根结底，与其妄图改变世界，不如先专注于改变自己，当我们真正改变了自己，就具备了影响他人的能力，这样的影响是自然而然的，也会顺理成章地产生作用。

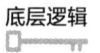

得体，是你发自内心的从容优雅

现代职场上，越来越多的人意识到情商的重要性。这与以前只重视智商相比是截然不同的。为何说情商如此重要呢？是因为一个人如果很聪明，掌握了专业的技术，那么只能成为高级技术人员。但是，如果他不懂得人情世故，不知道如何与同事配合，就很难最大限度发挥自己的才华，也很难做出辉煌的成就。反之，一个情商高的人却能够团结身边的人，与周围的同事建立良好的关系，从而任用人才，发展和壮大团队的力量，获取的成就也就无法估量。为此，很多成功的管理者都是高情商的人，他们不但自身举止得体，从容优雅，而且能够带领整个团队腾飞。

很多读者朋友都看过《三国演义》，那么就会发现在几个领袖人物中，刘备个人的才华不是最高的，但是他却具有独特的能力，能够知人善任。正是因为如此，刘备才能笼络很多将才为自己所用，也才能三顾茅庐以诚心诚意打动诸葛亮，让诸葛亮愿意为他鞠躬尽瘁，死而后已。相比之下，曹操虽然颇具个人才能，却疑心病重，因而身边很少有可用之人。这就是鲜明的对比，因为高情商，刘备不但知人善任，而且做每一件事情都很得体。

作为职场人士，虽然我们没有三国演义中领袖人物的帅才，但是在职场上，我们也应该表现得体。所谓得体，是把事情做得恰到好处，是与同事友好相处，是恰如其分地发挥自己的才华，是适时地退让与忍耐，也是把握机会展示锋芒。偏偏有些职场人士最爱表现自己的小聪明，也最爱玩弄小聪明，殊不知有的时候虽然能够赢过他人，却失去了与他人的良好关系；虽然赢得了自己的面子，却损害了他人的尊严，可谓得不偿失。我们要有大智慧，而不要只顾着卖弄小聪明。真正有大智慧的人，聪明而又得体，不管做什么事情都恰到好处，而且从来不会让自己和他人下不来台。当然，这样的能力并非是与生俱来的，而是在后天成长的过程中渐渐形成的，也是在工作的过程中点滴积累起来的。

在部门会议上，经理让小张负责与客户王总沟通，跟进王总的项目。刘此，小李马上表示不满，当着所有同事的面就询问经理："经理，这个项目这么重要，小张才来到部门里半年时间，怎么也轮不到他负责啊！"经理当即说道："让谁负责项目是根据能力来决定的，而非根据工龄。有些人虽然来公司很长时间了，而且是部门里的老员工，但是对待工作三心二意，根本不堪托付重任。"小李听出经理话中揶揄的意味，说道："经理，平时的工作那么枯燥，不值得我们全心投入。有了大展身手的好时机，我们又得不到机会，这可怨不得我们。"听到小李赤裸裸地表达不满，经理也毫不客气，说道："如果连小的工作都做不好，还谈何大项目呢！这个项目就交给小张做，你们啊，什么时候和小张一样勤奋刻苦，什么时候再来找我要大项目。"

说完，经理就宣布散会了。看到小李被经理当众抢白，那些原本心怀不满的同事全都噤声了。又一次开会时，经理针对小张跟进项目的情况对大家进行通报，说道："根据客户王总的反馈，小张虽然年纪不大，但是做事情非常得体，非常到位。关于为人处世这方面，希望大家都能向小张学习，也可以向小张求教，看看他是如何不卑不亢把每个方面的工作都做好的。接下来这一个月，大家的目标就是得体。你可以不聪明，只要努力；你可以不八面玲珑，只要得体。"

经理说得没错，现代职场上聪明的人很多，得体的人却很少。尤其是很多90后、00后都是娇生惯养的独生子女，从小衣食无忧，凡事都以自我为中心考虑问题，很少能够做到宽容和体谅他人，更不可能主动地从他人的角度出发解决问题。由此

第一章
准确定位自己，让底层逻辑有据可循，落地生根

一来，他们在工作中很难与同事搞好关系，面对客户的时候也常常会有所疏漏，因此在工作中出了很多纰漏，也招致了很多麻烦。

众所周知，每一个职场人士都想变得更加聪明，这是因为职场上的竞争非常激烈，有的时候是明争，有的时候是暗斗。尤其是在很多行业里，同事之间原本就是存在竞争关系的，哪怕是在团队协作的过程中，也很容易出现邀功争赏的情况。这就对职场人提出了更高的要求，既要与同事之间开展良性竞争，又要维护自己的利益，还要与同事团结协作，齐心协力地完成工作任务。可见，把握好得体的度是非常重要的。

除此之外，还要做到有大智慧，而不要耍小聪明。很多职场人对待工作敷衍了事，从来不愿意投入百分之百的时间和精力，却在看到其他同事凭着工作上的突出表现而获得荣誉和嘉奖时感到愤愤不平，或者阴阳怪气地说对方运气好，或者居心叵测地说对方有关系。与其花费这么多的心思去诋毁别人，不如专注于本职工作，做好自己的分内之事。我们要始终相信，付出的一点一滴的努力，全都会被上司和老板看在眼里、记在心里。在绝大多数情况下，上司和老板并不需要一个左右逢源的人才，而是需要一个能够脚踏实地干活的员工。在这个越来越浮躁的时代里，能够专注于工作，专注于自身成长，让自己的工作表现恰到好处，非常得体的员工，才是更加受欢迎的。

尤其是在产生利益之争的情况下，得体就显得更加重要。在很多竞争性行业中，很多员工为了争取得到自己的微小利益，就放弃做人做事的原则和底线，不择手段地达到目的，这显然是极其不得体的。每当个人的利益与团队的利益产生冲突时，要以团队利益为重；每当个人的利益与他人的利益产生冲突时，要做到谦虚礼让，毕竟与同事之间的合作是要长久进行的，而不要在一时的得失上过于计较。

第二章
以结果为导向，脚踏实地做好该做的每一件事

在做每一件事情时，只有目标是远远不够的，虽然目标能够帮助我们明确努力的方向，但是在朝着既定目标努力的过程中，依然会发生各种偏移。为了保证能够时刻纠正路线上的偏移，实现既定的目标，我们还要形成以结果为导向的思维，在不忘初心的前提下，始终脚踏实地做好该做的每一件事情，让自己朝着目标前进。虽然目标很远大，实现目标也并不那么容易，但是只要我们能够坚持初心，能够保证自己所有的努力都在向着目标奋进，那么我们总能得偿所愿，实现目标。

第二章
以结果为导向，脚踏实地做好该做的每一件事

形成大格局，不要只顾蝇头小利

对待工作，很多职场人士都没有大格局。一些新人在目标公司应聘和面试的过程中，都会迫不及待地先询问薪资待遇，而且表现出对薪资待遇的过于关注。那么，换一个角度来想，作为面试官，或者是招聘的负责人，必然会因此而对面试者感到不满，这是因为面试者还没有向公司证明自己的能力，只凭着"王婆卖瓜，自卖自夸"就想得到公司允诺高薪，这无疑是有些强人所难了。

对于很多人而言，在对工作的底层逻辑进行优化的过程中，必须时刻坚持一条至关重要的标准，那就是以结果来评价一切工作的成败，即以结果落实一切工作。不管做什么工作，结果都是我们最终的目标。对于任何事情都要做到有始有终，即既要有开始，也要有过程和结果。虽然过程很重要，但是结果更重要，因为最终的结果才能证明我们的努力，是否有价值有意义。此外，落实结果意味着一件事情真正得以践行，也意味着工作的本质得以实现。结果还决定了我们获得的回报，哪

怕怀有再大的期望,如果没有结果,我们就没有任何回报。所以在做事情的过程中,一定要以结果为导向,这样才能让事情真正取得进展,得到发展。

最近这段时间,张萌正在代表公司与客户洽谈,想要敲定一个重要的项目。一天傍晚,上司看到张萌还在办公室里加班,于是问道:"张萌,你负责的项目进展如何了?"张萌高兴地向上司汇报:"老板,项目进展很顺利。我想,等到签约之后,您能不能给我们部门一天的带薪假期,我准备带领大家搞团建。此外,客户答应给我们一些样品,可以把这些样品分配给我们部门吗?毕竟这些样品都是大家努力争取到的。"上司纳闷地问:"难道项目已经签约了吗?我怎么不知道?"张萌不好意思地挠挠头说:"目前还没有签约呢,不过问题不大,应该能够顺利签约的。"上司别有用意地笑了笑,说:"那就等签约了再和我说后续的事情吧,要知道,煮熟的鸭子才不会飞,你现在只是看到了鸭子的影子而已呢!"张萌有些尴尬,不知道该说什么才好了。他意识到自己不该先谈利益,片刻之后才说:"老板,这恰恰说明我对拿下项目有信心啊,我想着先跟您申请到利益,也能以此给大家鼓劲和打气。"上司反问道:"难道我不答应你的要求,你就要故意搞黄项目?"张萌把头摇得如拨浪鼓一样,暗暗责怪自己不该挖坑给自己跳。他只好闭口不言，良久才说："老板，您放心，我一定拿下项目。"

作为部门负责人，张萌懂得为员工争取利益，是很为员工着想的好领导。但是，作为中层管理者，张萌在还没有顺利签约项目的情况下就向老板要利益，想要得到老板的承诺，未免会招致老板的其他想法。无论想要拿下怎样的项目，有想法，能够说得滔滔不绝、头头是道固然好。但是对于老板而言，再好的想法都要落到实处，都要从空想变成切实可行的计划，变成有效的行动，这才意味着想法的推进，也才意味着项目的进展。此外，在为老板分忧解难做好各项工作的过程中，不要动辄就谈论利益，也不要在做事情还没有结果之前就先与老板谈条件。先做，等到把事情做好了，老板自然会有分寸和定夺。很多人虽然有能力，但是总是喜欢在做事情之前就先争利益，给老板留下迫不及待要好处的不好印象，或者是给老板留下仗着有能力就要挟老板的印象，这可是很糟糕的。

大脑的思维并不能联结工作和利益，行为结果才能联结工作和利益。作为员工，要始终以完成本职工作为己任，而且要竭尽所能地把工作做好。如果眼高手低，总是说一套做一套，而且说和做相差甚远，那么结果就会不尽如人意。只有保证既要说得漂亮，更要做得漂亮，而且要做在前面，根据实际情况再决定是否去说，才是更加得体的。当我们能够把所有工作都做得恰到好处，得到老板的满意时，哪怕我们没有主动张口去要利益，老板也会慷慨大方地奖励我们，更是会为我们提供更多的个人发展的好机遇。所以人在职场，当好"实干家"是最重要的。

第二章
以结果为导向,脚踏实地做好该做的每一件事

明确自己对于公司的价值和意义

现代社会中,职场竞争异常激烈,每一个职场人士都有自己的职权范围,也有自己需要做好的工作。一旦对于公司失去价值和意义,想要继续留在公司混日子就会很难。基于这一点,职场人士要想在职场上站稳脚跟,为自己赢得一席之地,就要明确自己对于公司的价值和意义,这样才能理直气壮地留在公司,明确自己的职责,也才能在需要的时候捍卫自己的权利。

在如今的时代里,尤其是在城市生活中,几乎所有的年轻人都知道淘宝,更知道马云。对于电商时代而言,马云的确是不可或缺的风云人物。也有人认为,马云运气好,抓住了做电商的好时机,所以才能凭着网络建立起自己的商业帝国。当然,马云不但抓住了网络发展的好时机,而且也很懂得管理。他曾经问过管理职员:"公司为什么请你来呢?公司请你来是为了解决问题,而非为了制造麻烦。所以,制造问题的人只能让位给那些解决问题的人。"这句话言简意赅,让我们知道了职场上晋升的黄金准则,就是解决问题。对于所有员工而言,

心怀不满只会抱怨是要不得的，重要的是勇敢地面对问题，以积极的方式提出解决问题的方案，从而推动问题得以解决，这才是员工该有的思维。一个爱抱怨的员工，不管在哪个部门工作都是不受欢迎的。反之，一个积极解决问题的员工，不管走到哪里都必然能够为自己打下一片天地。

周凯负责与客户针对一个项目进行洽谈。在他的极力争取之下，公司终于拿下了这个项目，周凯也因此成为项目的负责人，全权负责这个项目。在项目进展过程中，周凯遇到了一些问题，为此急得如同热锅上的蚂蚁一样团团乱转，又因为客户故意刁难而手足无措。在走投无路之际，周凯只好向上司提出意见，认为这个项目的甲方太过矫情，有各种琐碎的、无关紧要的事情，给项目进展带来了很多阻碍。上司只是告诉周凯："周凯，任何项目都不会一帆风顺，任何甲方都会有各种问题，你的工作就是解决问题，推进项目。"其实，周凯此前已经针对这些事情几次三番地向上司抱怨了，上司只是因为周凯亲自争取到这个项目，所以没有办法更换负责人而已。

在周凯又一次怨声载道之际，上司说道："周凯，如果你不想继续跟进这个项目，我可以让其他人负责。"听到上司这么说，周凯马上表示不乐意，又说这个项目是他辛辛苦苦才争取来的。上司淡然说道："既然如此，你就不要再抱怨，专心做好工作吧。记住,再难的问题也必须得到解决,与其抱怨,不如积极地想办法。你要始终记住,公司之所以聘用你,我之所以重用你,是为了让你解决问题。如果凡事都要我亲力亲为,那么我就不需要多发一份薪水出去。你可以把工作进度告诉我,也可以在需要我拍板的时候来找我,至于其他事情,你还是自己去解决吧。"周凯面红耳赤,离开了上司的办公室。因为有了这样的一场谈话,他反而不再束手束脚,破釜沉舟地做了一些事情,使项目披荆斩棘,继续推进。

在遇到难题的时候,老板和员工的表现是截然不同的。老板没有退路,一切问题都需要自己扛过去,但是员工却有后路可退,所以员工遇到困难就想退缩。其实,老板和员工的责任也是不同的。老板的任务是把相应的工作交代给最适合去做的人,而员工的任务就是完成老板交代的任务,解决公司面临的难题。作为员工,如果只会带着问题求助老板,那么也就离被炒鱿鱼不远了。

从另一个角度来看,如果员工总是束手束脚,不能解决问题,那么老板就会考虑把原本很重要的工作任务交给其他人去做。人在职场,都是凭着自身的能力赚取相应的薪水,操心越多,付出越多,赚到的薪水也就越多。反之,承担的责任越小,遇到问题只会退缩,那么只能从事最基础的工作,或者从

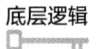

事最容易被取代的工作，未来的发展前景自然堪忧。

在职场上，很多人都为自己没有找到好工作或者没有被重用而感到愤愤不平，他们所不知道的是，越是如此，越是要证明自己的价值和意义。没有谁从一进入公司就会被重用，所有人在公司里的声誉和地位都是凭着自己辛苦打拼出来的。例如，作为下属，要圆满地完成工作任务，就必须排除万难；作为上司，要想赢得下属的信任，就要在下属遇到难题的时候和下属齐心协力解决难题。总而言之，没有人天生注定就身居高位，哪怕过五关斩六将在职场中赢得了自己的一席之地，也依然要继续奋力拼搏，才能保住自己的职位。正所谓长江后浪推前浪，在职场上，也是一浪更比一浪高。作为前浪，我们要坚持初心，努力学习和成长，始终担任公司里的带头者；作为后浪，我们更是要抓住各种机会表现自己，证明自己的能力和水平，这样才能变得越来越不可或缺。

第二章
以结果为导向,脚踏实地做好该做的每一件事

加班不是为了磨洋工

作为初入职场的新人,小宋最喜欢做的事情就是加班。每天下午六点钟,办公室里的同事们都已经下班了,他却依然坐在工位上瞪大眼睛,盯着闪烁的电脑屏幕,做着还没有完成的工作。这是因为小宋知道,他们的主管习惯于晚一个小时下班,为了对次日的工作做出安排。普通同事五点半下班,主管六点半下班,而小宋要求自己七点下班。起初,主管误以为小宋是新人,工作速度慢,所以并没有特意询问小宋为何天天加班。直到一个多月过去,主管看到小宋还是在加班,不由得感到很纳闷。

一天晚上六点半,主管准时下班,小宋还坐在工位前。主管忍不住问道:"小宋,你的工作还没有做完吗?"小宋笑了笑,说:"嗯嗯,我一会儿就结束了。"小宋原本以为主管会表扬他呢,却没想到主管纳闷地说:"小宋,我并不主张大家加班,所以我们部门下班是最早的,但是效率却是最高的。我观察了一下,你的工作任务并不比其他人多,如果你总是需要

加班才能完成既定工作，我想你可能无法适应我们部门的工作节奏，也不能实现我们部门的工作效率。"小宋意识到情况不妙，赶紧解释道："其实，我已经做完本职工作了，只是利用下班时间再复盘一下。"主管说："复盘的确是个好习惯，但是要有效率，其实我是要求所有人必须六点之前离开办公室的。每个人的时间和精力都是有限的，如果都消耗在办公室里，那么就会失去生活的情趣，如果觉得生活无趣，次日自然就不会精神饱满地投入工作，你说呢？"小宋满面羞愧，他终于理解了为何有些同事对他加班这件事情阴阳怪气了。

很多职场人士都自作聪明，误以为自己只要在工作上投入更多的时间和精力，就能得到老板的认可和赏识，其实不然。真正有智慧的老板希望员工保持可持续性发展，而不想让员工把绝大多数的时间和精力都投入工作。因为只有在工作之余得到充分的休息和放松，在工作时间内才能全力投入，也取得良好的成效。

从管理层的角度来说，要全面立体地评估一个人的能力，而不能只观察员工是否加班，就断定员工是努力还是懈怠。正如我们前文所说的要以结果为导向，对于员工而言，加班是要做出成绩的，如果只是在磨洋工，浪费时间证明自己的确工作努力，那未免是剑走偏锋了。当然，公司要求加班完成某项工作的情况不在我们这里的讨论之列。

这就像是建筑工地上的薪酬制度。有些建筑工地采取点工制，即不管一天完成多少工作，都给建筑工人发放固定的日薪；也有的建筑工地采取多劳多得的制度，即哪怕工人待在工地上一整天，但完成工作的效率低下，也只能拿到很少的薪水。这两种制度各有利弊，前者可以避免工人为了拿到更多的薪水而降低工作质量，后者可以避免工人为了不劳而获磨洋工。在职场上，如何避免职场人士出现如同建筑工人一样的情况，是需要管理的智慧和艺术的。通常情况下，公司既规定了每天上班的固定时间，也对工作效率提出了要求。一个人哪怕整天耗在公司里，却只是盯着电脑看无关新闻，那么他的工作也是不被认可的。如今，很多公司采取灵活工作制，即员工可以自主决定一天之中在哪个时段上班，只要保证高质量地完成工作任务，就可以领取相应的薪水，这使员工可以更加自由合理地安排时间，也帮助很多员工解决了兼顾家庭的难题。

很多假装在努力的人都喜欢加班，他们只是以加班的方式标榜自己的努力而已，而有些人每天到点上班，卡点下班，看似对待工作不那么努力，其实却做出了卓越的成就。真正高明的领导者会更加欣赏后者，因为后者才是真正有效率的。对于加班，作为员工要摆正心态，切勿认为加班是必须的工作。尤其是在办公室里的其他人都不加班的情况下，一个人独自留在办公室里加班，不但会显得突兀，还会显得格格不入。当然，哪怕其他员工都加班，我们只要完成了工作任务，也是可以按时下班的。

作为管理者，不要为表面上好看就鼓励和倡导员工加班。归根结底，生活是工作的目的，而工作只是生活的一部分。如果一个人对待工作废寝忘食，既不愿意休息，也不愿意享乐，而只知道加班，那么他必然无法长久地在工作上保持良好的状态。作为管理者，还应该带头按时下班，成为员工的表率。对于那些以加班的方式磨洋工，或者因为在正常的工作时间内三心二意而没有按时完成工作任务的员工而言，加班只能作为减分项，而不能作为加分项。

与这些热衷于加班的人不同，有些人是坚决抵制加班的，甚至在面试之初就提出自己不愿意加班，结果与原本心仪的工作失之交臂。在很多行业里，或者在很多公司里，经常会有临时的紧急任务需要完成，那么员工也应该配合公司的工作节奏，加班加点地完工。毕竟作为员工与公司是利益的共同体，只有公司有利润，员工才能领取到薪水。否则，公司经营不善，员工轻则薪水打折，重则失去工作。

不管出于什么目的的加班，都要效率优先。现代社会中，有些职场人士毫无征兆地过劳死，使得家庭失去了顶梁柱，使得年迈的父母白发人送黑发人，这都是令人扼腕叹息、痛心不已的。要想避免这样的情况出现，一定要做到以下几点：

1. 非必要，不加班。只在必要情况下加班，应该成为职场人士的首要工作原则。毕竟工作是永远也做不完的，如果为了一时追求工作效率就损害自身的健康，那是得不偿失的。

2. 加班必须有效率，要做出成绩。有些人之所以需要加班，就是因为上班过程中心不在焉，导致没有完成当天的工作任务。其实，只要在正常工作时间内提升效率，就无须加班。

3. 加班不是给别人看的，也不要试图用加班证明自己真的努力工作。老板不会以是否加班为标准判定员工的努力程度，只会以结果来做出衡量。既然如此，何不在工作时间内全力投入，让结果证明自己的能力和价值呢？

4. 劳逸结合，效率倍增。不管做什么工作，都要追求可持续性发展。一个人必须保持身心健康，要合理分配时间和精力，才能始终热爱生活，对工作满怀热情。否则，每天工作都累得筋疲力尽，又因为加班而导致没有任何时间用于休息娱乐，日久天长必然感到疲惫乏味，也就不想继续投入工作之中了。

过嘴瘾没有用,实干家才受欢迎

人在职场如同置身于江湖之中,总是会遇到形形色色的人,经历各种新鲜有趣的事情。有些人是天生的实干家,不管什么时候都一马当先率先采取行动,以行动去验证自己的做法是否正确;有的人则恰恰相反,他们擅长高谈阔论,听他们说话未免会有心潮澎湃的感觉,但是在他们说完了话却没有任何表现想要付诸行动之后,我们又会觉得他们所言皆虚,根本不可信。日久天长,我们就会情不自禁地亲近实干家,而有意识地远离过嘴瘾的人。尤其是在进行团队合作的时候,每一个团队都欢迎那些实干家的加入,而不想和过嘴瘾的人为伍。

俗话说,路遥知马力,日久见人心。同事之间相处久了,对于对方的脾气秉性也就多了几分了解。从这一点上来看,我们都要当实干家,而不要只会过嘴瘾。毕竟工作上的任何事情都要以实实在在的结果向老板交差,只凭着自己的三寸不烂之舌,哪怕说得天花乱坠,也未必能起到预期的作用和效果。

第二章
以结果为导向，脚踏实地做好该做的每一件事

某公司技术部门来了一个新人，名叫小薇。小薇不但是新人，还是全公司学历最高的人，她研究生毕业，英语过了八级，还擅长日语。小薇勤奋好学，坚持利用工作之余考各种证书，所以同事们给她起了个外号，叫证书达人。每当看到小薇拿出厚厚的一摞资格证书，同事们都羡慕不已，啧啧称赞。然而，一年多过去，和小薇一起进入公司的本科生都已经做出了小小的成绩，小薇却一点儿动静都没有，还在最初进入公司的岗位上默默无闻。这是为什么呢？

原来，小薇是只动口不动手。在一年多的时间里，除了偶尔公司需要招待外宾让她充当翻译之外，小薇在工作上毫无起色。每个月小薇的业绩都排名倒数，从未有起色。每当其他同事四处联络业务时，小薇却安逸地待在办公室里看英文电影，还美其名曰提升英语水平。后来，老板意识到小薇很难为公司创造利润，而公司每年才接待一两次外宾，完全可以聘用临时翻译，就下定决心辞退了她。在得到老板要辞退自己的消息时，小薇又口若悬河地说了起来，但是，老板不为所动，坚决辞退了她。老板说："小薇，你的确是公司里学历最高的，英语水平最好，但是你的本职工作是销售，作为一名销售，没有销售业绩可不行。我倒是建议你再找工作的时候，最好选择翻译工作，这样你才能发挥所长。"小薇羞愧极了。

老板说得没错，对于销售岗位而言，销售业绩才是免死金牌。如果小薇从事的是翻译工作，那么她看英文原版的电影就很应该。现代社会中，虽然技多不压身，但是如果面面俱到而没有突出技能，徒劳地考取了很多证书，却对自己的工作毫无帮助，那么就是本末倒置了。不管是在哪一家公司里，一个员工要想得到老板的认可和赏识，必须做出实实在在的成绩。否则，一味地过嘴瘾，也许能一时哄得老板开心，最终必然被识破真面目，离开的时候未免会感到很丢人。

只靠着一张嘴巴，我们无法证明自己真的很厉害。嘴巴能说会道固然能更好地把自己推销出去，但是真正证明自己的却是实干。每一个职场新人一旦进入职场，就要转变思维，切勿觉得自己只要和在学校里一样善于表达就行。哪怕是北大或者清华的毕业生，如果不能做出业绩，也一样会被淘汰。

那么，如何才能做到实干呢？要做到以下几点：

1. 始终牢记实干最重要的道理，固然要能说会道，也要坚持实干。

2. 以结果为导向，衡量和评估自己的工作表现，这是因为公司最终也会以结果为标准来判定一个人的价值。

3. 能动手的，就不要动嘴，尤其是不要夸张和吹嘘。如果真的要说，不如在真正取得成就之后再说，这样就不会被人质疑了。

4. 作为员工，一定要勤快，切勿只动嘴不迈开腿。只有以实干证明自己的能力，顺利晋升到管理岗位之后，作为管理者才要学会动嘴，做好部署和安排工作。但是，一个真正有权威的管理者，自己首先是非常专业的，也是曾经做出实际成绩的。

5. 任何时候，都要脚踏实地地从小事做起，而切勿好高骛远。古人云，一屋不扫何以扫天下，每个人必须做好力所能及的小事情，才能实现远大的目标。

6. 但求付出，不问回报。在工作上做出小小的付出时，切勿急于索求回报。要相信，无论是上司还是老板，都已经把你的努力看在眼里了，你只要继续坚持努力，他们终究会对你委以重任。

让表现起到最大作用

午休过后,老总来找小王。但是,小王不在工位上。老总貌似还挺着急,去茶水间和抽烟室找小王,还是没见小王的踪影。老总不免感到着急,给小王打电话。电话接通后,传来小王气喘吁吁的声音,老总纳闷地问:"小王,你不会告诉我顶着大太阳去跑步了吧。"小王赶紧向老总解释:"老总,我在隔壁部门呢!他们今天搬家,我吃了午饭就过来帮忙了。"老总不由得感到啼笑皆非,带着抱怨的语气说道:"我早晨交代给你的工作,你完成了吗?"小王忍不住惊呼:"哎呀,我忘记了。我马上回去开始写,您放心,保证三点之前给您。"听到小王的话,老总气得火冒三丈,说道:"我三点要演讲,你告诉我三点给我演讲稿,难道你不需要修改吗?难道我不需要熟悉稿件吗?"就这样,小王被老总劈头盖脸一顿数落,后来幸亏部门里的一位同事找出了之前的演讲稿,以最快的速度更换了相关内容,才没有耽误老总使用。

因为这件事情,老总在很长一段时间里都对小王爱答不

第二章
以结果为导向，脚踏实地做好该做的每一件事

理。小王觉得很委屈，向同事诉苦："我也是学雷锋做好事啊，想着隔壁部门和我们是邻居，平日里抬头不见低头见的，就去帮忙搬家了。"不想，同事一点儿都不同情小王，反而说道："你呀，可真是拎不清。你要知道，帮忙是可帮可不帮的，但是给老总准备演讲稿却是你的分内之事。你分不清轻重缓急吗？我要是你，就把手头的工作都做完了再去献爱心，何必为了可做可不做的事情而被老总嫌弃呢！得不偿失！"小王知道同事说得很有道理，只好暗暗责备自己。

作为公司的一员，想要抓住各种机会表现自己的心意固然是没有错的，但是如果表现错了地方，或者选择了错误的时机，那么就是瞎表现。如果是销售人员，精通销售技能，那么就要拿出销售成果才能得到公司的认可和奖励；如果是专业的财务人员，那么就要表现出高超的专业水平和职业道德，让公司放心地把财务大权交给你来掌控；如果是行政人员，那么就要从细节方面为公司制定各种规章制度，也要想办法督促所有员工都积极地配合和执行这些规章制度。总而言之，职场上每个人都各司其职，都要表现在恰到好处的地方才能起到预期的效果。

作为技术人员，非要去销售部门出谋划策，显然是行不通的；作为销售人员，非要对技术人员指手画脚也是招人嫌的；

作为基层员工，就要努力做好基层的工作，不要觉得工作琐碎复杂；作为管理人员，就要以管理工作为中心，带领团队创造佳绩。整个公司就像是一个运转良好的部门，每个人只有坚守在自己的岗位上，做好自己该干的事情，公司才能保持良好的状态正常运转。否则，每个人都跨界去做其他领域的事情，既不专业，也无法保证效果，那么整个公司必然乱了套。从这个意义上来说，瞎表现是要不得的。

在职场上，很多人每天都如同陀螺一样忙得团团乱转，每时每刻都想在领导面前表现自己，不是加班到深夜，就是蹿到自己不该出现的地方瞎表现，长此以往非但无法给领导留下好印象，反而还会招致反感。要想避免这种情况，一是要端正工作的态度，保持良好的心态。二是要掌握正确的工作方法，最大限度发挥时间的效率，让时间实现最大价值。

对于所有人而言，每天只有24小时，用于工作的时间是有限的。俗话说，好钢用在刀刃上。既然如此，我们也要把有限的时间和精力用在最重要的工作上。要想把有限的时间用于重要的事情，那么就不要在无关的事情上浪费太多时间。职场不是我们发挥乐于助人精神的地方，如果我们太过热情地取代他人工作，还会使他人产生危机感。所以在职场上适度的明哲保身是可取的，各人自扫门前雪，各司其职，坚守好自己的岗位。

第二章
以结果为导向,脚踏实地做好该做的每一件事

这不是注重苦劳的世界,结果最重要

每当付出不被认可时,人们常说"没有功劳,也有苦劳",以此来安慰和平衡自己的内心。其实,现在的世界已经不是注重苦劳的世界了,大多数人都只看重结果,认为结果才是衡量是否成功的唯一标准。尤其是在极其功利的职场上,很多时候都不讲人情,而只讲结果。既然如此,我们当然也要看重结果,而不要总是拿着苦劳交差。

正如前文所说的,不要瞎表现,否则非但没有任何作用,还会遭受埋怨。当我们处处表现,却没有一处能够取得结果时,就是一种苦劳。没有功劳,只有苦劳,还值得赞赏吗?如果是在爱你的父母面前,是在依赖你的家人面前,你的苦劳的确是值得一提的。但是在职场上,在公司和老板的眼中,没有得到预期结果的苦劳是不值一提的。在公司内部,作为管理者只看成绩,一个员工哪怕付出再多的辛苦,却没有取得任何成绩,那么就意味着他勤奋有余,能力不足。从公司的角度来说,他们只会给那些有功劳的人升职加薪,而不会看在对方没

有功劳有苦劳的面子上以高薪安抚对方。这就是职场的残酷，毕竟不管是公司还是企业要想长久地生存下来，都是需要赚取利润才能维持经营和发展的。

　　基于这一点，作为员工，切勿觉得自己只要不闲着，每时每刻都表现出勤奋的样子，就能赢得老板的认可了。哪怕流血流汗，如果没有功劳，也不可能得到公司的奖励。从深层次来说，员工必须彻底打消以苦劳感动管理者的想法，才能摆正自己的心态，积极地采取相关的行动，让自己为公司做出贡献。

　　最近，公司里正在大刀阔斧地进行改革，很多部门都提出了改革的方案，因为老板说要借此机会淘汰那些改革不力的部门，将其吞并到其他部门。作为公司里可有可无的绩效部门，大家都感到压力山大。虽然哪怕被淘汰，也会被并入其他部门，但是每个人都不想去过寄人篱下的生活。为此，大家齐心协力地制订改革方案，部门负责人还自掏腰包给大家买了一个星期的晚餐，把大家留在公司里集思广益。遗憾的是，这个部门还是难逃被吞并的命运。在得到这个消息的时候，部门负责人委屈地说："老板，我自掏腰包供整个部门吃了一个星期的晚餐，就是想拿出像样的整改方案，我们就算没有功劳，也有苦劳吧！"不想，老板不为所动，当即斩钉截铁地说道："有苦劳也没用，你们如此大费周章拿出的整改方案一点儿新意都没有,这更加说明了你们部门没有存在的必要。"部门负责人被老板怼得哑口无言,只好向大家宣布了这个"噩耗"。

无疑,在职场中这样的情况经常发生,那就是为了争取到一个机会,一个部门甚至整个公司的人都拼尽全力,不懈努力,但是最终却被残忍淘汰。每当这时,那些努力付出的人未免会感到很遗憾,甚至因此而愤愤不平,觉得自己既然付出了,就应该得到一定程度的认可。其实,每个人在工作的过程中都要做出结果,就算没有结果也是一种结果,也必然要承受因此产生的评价,这些评价有好的有坏的,有的有温度,有的冷冰冰。

归根结底,过程固然重要,结果更加重要,这就意味着功劳比苦劳更重要。史玉柱是巨人集团的创始人,一手创办了巨人集团。有一次,史玉柱参加访谈类节目,被问及一个问题:作为一个老板,你让两个团队分别实施同一个项目,年终岁末,一个团队顺利完成任务,获得了项目奖金,但是另一个团队虽然拼尽了全力,却没有完成任务。那么,你会给予没有完成任务的团队以相应的奖励吗?

对于这个问题,史玉柱毫不迟疑地摇摇头,说道:"也许有人认为应该给予失败的团队一些奖励,这样能够拉拢人心,其实这样的想法大错特错。对于公司而言,功劳才是贡献,苦劳不是贡献。公司不是慈善机构，要想生存下去，就必须遵循规章制度，也要赏罚分明。"

从史玉柱的这番话不难看出，他对于管理是有独特见解的。我们归纳的底层逻辑，正是从精英人才和成功人士的思维模式和行为模式中总结出来的，而底层逻辑的重要一点就是每时每刻都关注结果。

只有关注结果的人，才能真正地获得成功。当我们的心里只记得结果，当我们的眼中只看到结果，当我们的目标就是获得结果，那么我们就不会投入太多的时间和精力在无关的事情上，也会自然而然地忽略那些次要的事情。只有以取得想要的结果为前提再回顾过程，过程才是有意义的。反之，如果结果与我们的理想相差甚远，那么我们只能通过在过程中努力拼搏积累经验，而不会取得任何实质性的进展。

第三章

精诚团结与协作,让自己就像一滴水融入大海

俗话说,一根筷子被折断,十根筷子抱成团,这充分告诉我们团结的重要性。这就像一滴水很容易被蒸发掉一样,只有把自己融入大海,一滴水才能始终以水的形态保存下来。作为生命的个体,在如今越来越讲求团结协作的时代里,我们很难仅凭一己之力就做好所有的事情,一则是因为个人的力量有限,二则是因为很多事情都是需要合作才能完成的。既然如此,我们就必须端正态度,积极地融入团队之中,主动地与他人合作,才能最大限度发挥自身的力量。

得道多助，失道寡助

在工作的过程中，很多人都怀着明哲保身的态度，只扫自己的门前雪，而不愿意给予他人任何帮助。尤其是在那些竞争激烈的行业里，更是有很多人都对同事怀有警惕和戒备心理，每当同事遇到难处的时候，他们恨不得同事因此而蒙受损失或者受到阻碍，就是不愿意伸出援手。其实，在同一家公司里，甚至是在同一个行业里，很多从业人员之间都是一荣俱荣、一损俱损的关系。如果只顾自己，而丝毫不考虑他人的需求，那么就会在不知不觉间禁锢了自身的发展，甚至损害自身的利益。

古人云："得道多助，失道寡助"，告诉我们得到正义就能得到更多帮助，而失去正义就会变成孤家寡人，无法得到帮助。如果把这句话运用于职场，那么所谓的正义就是互帮互助，共同进步。独木难成林，要想生长出茂密的森林，就要栽种更多的树木。在人际关系中，也是同样的道理。一个人想要搞个人英雄主义，认为只要自己出类拔萃，完全无需关心他人，这种想法是要不得的。其实，拥有能力更强的同事和对手也能促进我们变得更加强大。正如人们常说的，看一个人的底牌，看他的朋友；看一个人的实力，看他的对手。

认识到这一点，作为职场人士就会知道搞个人英雄主义是要不得的，对待工作，一定要有团队精神。团队的底层逻辑正是以协作和支持作为基础的，这意味着所有团队成员都要彼此协作，都要互相支持，整个团队才能真正拧成一股绳，也才能发展壮大起来。此外，作为团队的成员，要让个人利益服从于团队利益，要让自己成为团队中不可缺少的一分子，而不要排斥其他团队成员。哪怕是一家规模很大、发展很好的公司，也需要具备团队精神的成员加入。一个人哪怕具有渊博的知识，也掌握了很高的技能，只要没有团队精神，就是不受欢迎的。

某公司从上到下都在为了拿下一个大项目而忙碌。眼看着项目即将进入最后的实地考察阶段，老总决定让暂时有空闲的策划部门负责收拾和整理仓库。但是，策划部门人手比较少，所以老总还调动了销售部门的小张负责的销售小组。老总对小张说："小张，你也去给策划部门帮忙，带着你的其中一个小组一起整理仓库。如果人手还是不够，你还可以随机调动你们销售部门的另一个小组，看看哪个小组没有事情忙，就让哪个小组上。"

对于老总的安排，小张很不乐意，说道："老总，我们销售部门此前已经制订了销售方案，对于帮助公司拿下这个项目做出了很大的贡献。策划部门从未有贡献，您让他们收拾仓库就收拾吧，对于已经立功的销售部门，您怎么也让我们去收拾仓库啊？"听到小张的话，老总很不满意。沉思片刻，老总说："小张，首先你们不仅是帮公司拿下这个项目，也是在帮助你们自己，如果公司没有项目可做，谁都拿不到薪水，一旦公司无法经营下去，你们还要另觅高就。此外，你们也不是帮助策划部门，而是做分内之事，现在，全公司的所有人都在为了拿下项目不遗余力，你的意思是你们销售部门在出了销售方案之后，就可以气定神闲地喝茶聊天了吗？帮人就是帮己，帮助公司更是帮助自己，希望你能明白这个道理。"小张被老总说得脸上红一阵白一阵，满脸羞愧。后来，他带着两个销售小组的成员配合策划部门，把仓库收拾得井井有条，顺利通过了客户的考察。拿下了这个大项目，公司半年都不需要再为业绩发愁了，老总拿出一笔钱请大家吃饭喝酒，每个人的脸上都洋溢着开心。小张更是感慨地说："这次整理仓库，我还学到了分门别类的仓储呢！真是处处有学问啊！"老总心照不宣地和小张开怀大笑。

在工作的过程中，帮忙是一种学习，在帮忙的过程中，我们不但能够学会更好地与其他人或者其他部门合作，还能开阔眼界，增长见识，掌握更多的技能。尤其是现代职场上，每个人都要坚持终身学习，才能不断地更新知识，适应社会发展的要求。作为团队成员，我们未必要等到他人向我们求助的时候再伸出援手，也可以在看到他人有需要的时候就主动地帮忙。人与人之间要想建立良好的互动关系，就要更加积极主动，这一次我们主动帮助他人，下一次他人就会主动帮助我们。有些时候，在完成本职工作的前提下，主动帮助其他部门，还能够帮助我们熟悉整个工作流程，从而有助于我们开展工作呢！

　　帮助他人，不但不会让我们受到损失，反而对我们大有裨益。从大的角度来说，每个人都是世界的一员，从小处说，每个人都是自身所处群体的成员。全人类都是命运共同体，全人类的命运息息相关。既然如此，我们还有什么理由对身边遇到困难的人袖手旁观呢？在如今的时代里，真正的成功是实现双赢，而非与他人分出胜负输赢，拼个你死我活。真正优秀的人不会抵触加入团队，更不会认为团队是竞技场，而是积极地加入团队，也把团队视为合作的最好平台。

个人利益让位团队利益

在团队工作中,难免会出现个人利益与集体利益发生冲突的现象。每当这时,个人利益要让位团队利益,切勿为了一己之力就影响团队的成功。遗憾的是,很多职场人士虽然在理智上知道要以团队利益为重,但是当个人利益受到威胁时,他们难免就会倾向于保全个人利益。要想在职场上有更好的发展,就要把目光放得更长远,要打开格局,切勿鼠目寸光、小肚鸡肠。

也有些职场人士会盲目自信,认为自己是公司里至关重要、不可缺少的人物,因而他们自视清高。尤其是在承担重要的工作任务时,常常会觉得自己是团队里的灵魂人物和核心所在,因而搞个人英雄主义,忽视或者轻视其他同事的努力,长此以往,他们就会招致其他同事不满,也会引起其他同事的非议。实际上,公司没有了任何人都可以继续运转,就像是地球没有了任何人都能继续自转一样。但是,对于个人而言,如果没有了公司的平台,失去了适合自身成长和发展的环境,那么很有可能变得一无是处。当然，也可以换一个平台，但是那个平台依然是公司，依然是团队，可见个人对于团队的依赖性。哪怕不是打工者，而是自己创业当老板，也无法仅靠着自己就能维持公司正常运转，也是要组建属于自己的团队。总而言之，不管是职场人士，还是老板或者创业者，都需要依赖于团队才能做好自己想做的事情，才能让自己不断地发展壮大起来。

如今，职场上越来越讲究团结协作。从配合工作的角度来看，我们可以把整个公司看作是一台复杂的机器，而把自己看成是机器上的一个零部件，甚至是一颗螺丝钉。每个人都要坚守自己的岗位，以团结协作的精神与他人密切配合，努力勤奋地扮演好自己的角色，配合他人工作，这样才能实现自己的价值，又为同事提供更好的服务，促使整个团队的所有成员拧成一股绳，齐心协力地把劲儿往一处使，从而创造集体的价值。从公司视角来看，团队协作的终极目标就是让公司得以发展壮大，变得越来越强。

作为公司的标杆人物，宋经理所带领的部门销售业绩始终在公司里名列前茅。不过，最近这两个月里，宋经理的部门销售业绩却呈现出下滑的趋势，尤其是这个月，他们居然被好几个团队超越了。对此，很多人都误以为宋经理一定会像火烧眉毛一样着急，实际上，宋经理气定神闲，丝毫也不着急，还是

第三章
精诚团结与协作，让自己就像一滴水融入大海

按照以往的工作节奏按部就班地开展工作。

看到宋经理早先如同打了鸡血一样为业绩奋战，到现在即使业绩下滑也毫不着急，上司不由得怀疑宋经理是否想要跳槽。毕竟，宋经理凭着一路高歌猛进的业绩不但成了公司里的名人，而且成了行业内的名人。很多公司都曾经想要出高薪挖宋经理，宋经理也的确与一些行业内的顶尖公司保持着联系。虽然有了这样的怀疑，上司也没有妄自揣测宋经理，而是先多方面了解情况。经过一番了解，上司发现宋经理所在部门的业绩之所以没有那么突出，是因为他花了很多时间和精力帮助兄弟部门，对此，上司如释重负，既欣慰宋经理的无私，又欣慰宋经理并没有跳槽的想法。后来，上司在召开全员会议的时候特别表扬了宋经理和他的团队，而且在区域总监升任副总之后，毫不迟疑地提升宋经理担任区域总监。宋经理因此而成了整个华东区域的总监，他曾经帮助过的部门成了他的得力干将。

不得不说，宋经理不但在业绩方面表现突出，而且拥有长远的眼光和人格局。在还没有升任总监之前，他与其他部门的经理还存在竞争关系呢！他能够做到无私地帮助兄弟部门，所以他升任总监是真正的人心所向。有大格局的人从来不会为了一己私利就损害公司的利益，哪怕是与同事或者其他部门存在

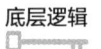

竞争关系，也时刻以公司的利益为重，而绝无私心，更不会做任何损害公司利益的事情。

退一步而言，就算宋经理后来没有顺利地胜任大区总监，那么他在帮助了兄弟部门之后，也必然会在其他时候得到兄弟部门的帮助。这样一来，他所在的部门与兄弟部门就能形成良好的互动，在工作的过程中做到彼此扶持和帮助。如此，宋经理就能营造良好的工作氛围和工作环境，从而从各个方面为自己助力。

现代职场上，很多人都习惯于吃独食，越是在有利可图的时候，他们越是担心会被别人瓜分蛋糕。其实，从市场营销的角度来看，有一个非常有趣的现象，那就是夏日的夜晚，越是饭馆扎堆的地方生意越好。那么，这些饭馆为何不做独门生意呢？其实，这是经营的秘诀：一方面，一家饭馆不管口味有多好，都不可能迎合所有人的喜好，更不可能满足所有人的需求，而饭馆扎堆就可以让顾客有更多的选择，无须再去很远之外的其他饭馆就餐；另一方面，如果某个地方只有一家饭馆，那么这家饭馆很有可能守株待兔，坚持老口味，而不愿意推陈出新，创新口味。相比之下，面对强劲竞争对手的饭馆会有更加强烈的危机意识，要想在诸多饭馆中胜出，必须不断地研发新菜式，开创新口味。正是基于这两个原因，饭馆扎堆的地方生意才会越来越火爆。

在职场上，我们不要害怕面对具有实力的对手，这是因为对手能够促使我们不断地努力奋进，坚持突破和超越自己。此外，不要只顾着自己努力，也要多多地帮助他人，还要致力于为公司创造更大的利益，这样才能让自己有更好的发展环境和成长平台。

得了奖金怎么做

作为公司里的普通职员或者是管理层，最开心的事情莫过于得到了额外的奖金。每当得到奖金的时候，欢欣雀跃的心情简直要起飞。然而，如何分配这笔奖金呢？如果拿了奖金一声不吭，未免会被同事指责小气；如果拿了奖金就大宴宾客，自己又会非常心疼，认为奖金得来不易。尤其是有些同事特别爱起哄，一旦看到有人获得了不菲的奖金，就会提议请客等。这让得到奖金的人百感交集，既开心，又发愁。

得了奖金怎么做，这的确是一个特别考验人的问题，不但考验人的智商，也考验人的情商。大张旗鼓地宣扬得了奖金固然有张狂的嫌疑，拿了奖金就默默地独自消费也涉嫌小气。具体如何做，其实取决于这笔奖金的性质，也取决于和同事之间的关系。如果奖金的获得离不开同事们的帮助，那么自然要拿出一部分分配给同事们；如果奖金的获得纯粹是个人努力，平日里与同事们的关系也并非那么亲近，那么低调不张扬就是最好的选择。对于奖金的处理方式并没有一定之规，每个人都要根据自身的工作情况，也要根据与同事们的关系做出定夺。

年终，因为完成了一个大项目，公司给一部分员工发了奖金。在这个项目进行的过程中，杨秘书做出了很大的贡献，所以得到了一大笔奖金。看着杨秘书拿到奖金喜笑颜开的样子，王总问道："杨秘书，你准备怎么处理这笔奖金啊？"杨秘书不假思索地回答："进入小金库，千万不能被我老婆知道，我还指望着用私房钱换车呢！"听到杨秘书的回答，王总有些诧异，问道："你不准备请秘书处的同事们吃饭吗？"杨秘书马上警惕而又夸张地做出捂紧钱包的动作，说道："这可是我个人的奖金啊，为何要请大家吃饭？"王总又说："如果不吃饭，送个小礼物也行，让大家都跟着乐呵乐呵呗！"杨秘书做出要哭的表情说："不行，不行！我还等着换车呢！"

看到杨秘书夸张的表现，王总哭笑不得，说道："杨秘书，你不要这么紧张，我只是建议而已。你想，平日里你作为首席秘书事情很多，有些琐碎的事情其实都交给其他小秘书去做了。虽然是个人的奖金，其实与大家的努力配合也是分不开的。我个人认为，如果你愿意和大家一起开心开心，未来工作会更加顺利。将来你升职了，有了可靠的人忠心耿耿地追随你，开展工作就会更加容易。"

在王总的一番提醒下，杨秘书这才转变了想法，不过还是表现出一副肉疼的模样，问道："您觉得，我得拿出多少奖金请大家开心呢？"王总笑着说："这就看你自己的意愿了。你觉得多少奖金能够表达你的谢意，你就拿出多少，其实，就是心意，让大家知道你吃水不忘挖井人，得了奖金也没忘记他们平日里的支持和配合。"后来，杨秘书拿出三千元请同事们大吃一顿，大家都开心极了。

  毫无疑问的是，一个人之所以能够得到奖金，一定是因为在工作上有突出的表现，或者是做出了独特的贡献。为此，很多人都认为自己是凭着个人努力才得到奖金的，完全没有必要与其他同事分享奖金，甚至有人认为如果公司觉得其他同事也功不可没，就会奖励其他同事。这样的想法未免肤浅，这样的见识也有些短浅了。人在职场，没有任何人能够离开他人的帮助和配合，而仅凭自己的力量就做好很多事情。意识到这一点，我们就会发现自己不管做出怎样的成就，都离不开他人的协助。所以除了那些明显是团体功劳的成就外，即便是个人的功劳，也同样离不开其他同事的配合。从这个角度来想，在得到奖金之后，慷慨地拿出一部分奖金请大家吃饭、喝下午茶或者吃冷饮、吃水果等，都是很不错的选择，不但可以以这样的方式表达谢意，还可以借此机会与同事之间拉近关系，增进感情，可谓一举多得。

尤其是对那些想要升职的职场人而言，借助于发奖金的机会拉拢人心是非常好的选择。在现代职场中，大多数人都已经意识到人脉是非常重要的资源，那么个人要想升职，就离不开他人的支持和帮助。正如古人所说的，水能载舟，亦能覆舟。我们虽然不是君主，也不是帝王，但是一旦上升到管理职位，就必然要发展自己的团队。在用奖金请客的过程中，我们还相当于是在奠定群众基础，说不定那些参加宴请的同事之中将来有人会成为我们的下属，也有人会成为我们的上司。

总而言之，奖金虽然是个人所得，但是因为是正常薪酬之外的获得，所以总是给我们带来几分欣喜。既然如此，我们就不要当吝啬的人，而是要大方地处置奖金，把奖金与更多的人分享，让更多的人感受到我们的喜悦，也愿意在未来的工作过程中继续全力配合和支持我们。

没有永远的人情，只有永远的利益

很多人都觉得职场冷酷无情，原本看似和平相处的同事之间很容易为了争夺利益而产生矛盾，甚至彼此仇视。这使一些人对于职场心存畏惧，觉得职场不是战场胜似战场，始终充斥着没有硝烟的战争。其实，这样的理解未免有失偏颇。职场上固然存在竞争，但是这种竞争通常都是良性的，可以激励同事们你追我赶，做出更好的成绩。即使是在非竞争性的行业中，同事之间也依然存在竞争，例如争夺晋升的机会和加薪的机会等。

其实，职场原本就不是讲人情的地方。尤其是在如今的社会中，各行各业的竞争都非常激烈，如果一味地讲人情，就会拎不清，还会把事情弄得一团糟。既然如此，我们不妨采取公事公办的态度，在职场上只讲利益，而不讲人情。职场上向来没有永远的人情，却始终存在利益关系，所以和人情关系相比，利益关系是更加可靠的。正所谓没有永远的人情，只有永远的利益。

第三章
精诚团结与协作，让自己就像一滴水融入大海

某公司刚刚签下来一个大项目，已经开始筹备启动了。老板委派小江负责筹备工作，也负责具体执行项目。这一天，小江拿着拟定好的方案来找马总，说："马总，我已经拟定好了方案。不过，我觉得仅凭自己的能力无法胜任这个项目，所以我想和兄弟部门的小刘配合，一起来完成这个项目。"马总听到小江的话当即表示同意，问道："那么，你和小刘说过这件事情了吗？他是什么意见？"小江说："我怕您不同意，所以还没有告诉小刘。不过，我和小刘平日里就是好兄弟，我认为他肯定没问题，只要您答应了，他绝对没问题。"马总说："我认为你的建议是可行的，接下来你去和小刘接洽吧，具体的工作安排你们互相商议。"

让小江万万没想到的是，小刘拒绝了他的邀请，不愿意半途加入这个项目。小刘的理由很简单，那就是这个项目已经到了具体实施阶段，他对于前面的准备工作毫不知情，所以他不想为了这个项目放弃自己正在推进的项目。虽然小江再三劝说小刘，但是小刘丝毫不为所动。小江只好尴尬地去找马总，让马总再给他委派其他的合作伙伴。马总仿佛已经预料到这样的后果，笑着对小江说："小江，小刘全权负责的项目即将结束，他必然不愿意在这样的关键时刻离开。换作是你，也会做出这样的选择。"小江这才意识到问题的症结所在，重重地点点头。

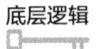

后来，等到小刘的项目结束，小江又再次诚挚地邀请小刘加入，小刘欣然应允。小刘能力超群，和小江互相配合，最终圆满地完成了项目。自然，在庆祝项目结束的会议上，小刘和小江一样得到了马总的点名表扬，开心极了。

和朋友、同学关系相比，同事关系还是比较特殊的，可以用相爱相杀来形容。同事之间既要相互合作，又要彼此竞争，所以如何把握好其中的度，做到友谊第一，比赛第二是一件很难的事情。很多职场老人都已经意识到，在工作的过程中，我们很难与同事成为真正的朋友，这是因为同事之间难免会因为利益纠葛而导致对立，甚至发生矛盾。利益冲突，决定了同事关系必然是不远不近的，始终保持着隔阂和疏离的感觉。在工作中，不管是面对下属还是面对上级，抑或是面对普通的同事，我们都要强调共同利益，而不要过于强调人情。这样做看似冷漠无情，其实恰恰是明智的举措，可以以共同利益作为保障，让我们与同事之间的关系更加稳固，更加长久。

俞敏洪有着丰富的管理经验，他常常后悔不该把好朋友徐小平请到公司里帮忙。虽然他和徐小平私底下是很好的朋友，但是这并不代表他们一定能够搞好人际关系。这是因为职场上的合作是以共同利益为基础的，而非以人情为基础。在刚刚创

第三章
精诚团结与协作，让自己就像一滴水融入大海

办新东方时，俞敏洪也陷入了家族企业经营的理念怪圈，他把很多亲戚都邀请加入公司，帮助自己一起经营，其中既有他的姐夫，也有他妻子的姐夫。他的初心是好的，即肥水不流外人田，然而随着管理问题不断凸显出来，他发现在以人情为基础建立的公司中，要想平衡利益分配和权力分配，只能以关系作为杠杆。原本，对于犯错的下属，上司或者老板是可以严厉斥责的，但是在他的公司里，他既不能说，也不能训斥，还不能直接下命令，最终整个公司都充斥着矛盾圈、是非圈，形成了以裙带关系为基础的各种小团体。这直接导致公司的管理变成了"哄着干"，而没有共同利益作为充足的驱动力。

只要认真观察，我们就会发现在职场上的人情关系是非常简单的，那就是以利益为标准，有着共同利益的人就是好朋友，因为利益而发生冲突的人，就会站到你的对立面，暂时和你成为敌人。当然，职场上既没有永远的朋友，也没有永远的敌人，很多人都会为了利益而选择暂时或者长久地结为同盟。

具体来说，职场上的合作是以三种驱动为基础的。

首先，利益驱动。利益驱动在三种驱动中排名第一，这是因为利益至关重要。对于那些能够帮助自己，满足自己需求的人，人人都愿意与他们合作。对于那些只会拖累自己，不能满足自己需求的人，人人都不愿意与其合作。所以职场上的绝大

多数团队都是利益型团队,这是无法改变的事实。

其次,价值驱动。整个团队要想齐心协力,为了实现共同的目标而努力,就要有共同的价值观,这样才能树立一致的目标。价值型团队是更有凝聚力的,团队里的所有成员在价值和情感方面都有共同目标,因而可以真正做到凝神聚力。

最后,信任驱动。人与人之间的相处要以信任为基础,如果没有信任,就无从谈起合作。基于信任的基础,就形成了信任型团队,在这样的团队中,每个人都可以把自己的后背毫无防备地留给队友去守护。这就像是在战场上,战友之间背靠着背,一起奋力厮杀。

这三种类型的团队虽然拥有不同的驱动力,但是都以利益驱动为基础。如果离开了共同的利益交集,没有不同的需求汇聚在一起产生的强大力量,价值型团队和信任型团队也就不那么稳固了。任何成功的合作都需要强大的驱动力,不管是利益、信任还是价值,都是团队凝聚不可缺少的重要因素。要想在职场上叱咤风云,我们就要先谈利益,正所谓把丑话说在前面,当说完了丑话,后面自然就都是好听的话了。否则,一旦利益出现冲突,原本看似牢固的关系和人情马上就会土崩瓦解,甚至烟消云散。为了避免这种情况发生,就要先形成共同目标和一致利益。

正确面对与同事之间的竞争

俗话说，有人的地方就有江湖，职场不但有人，还都是精英，所以职场是个不折不扣的江湖。在不同的行业领域中，工作氛围是不同的，同事之间的竞争方式和激烈程度也是不同的。无须怀疑的是，职场上一定有竞争，哪怕行业本身不要求同事之间展开竞争，在面对千载难逢升职加薪的好机会时，同事们之间也必然展开竞争。那么，作为职场人士，一定要保持良好的心态，正确面对与同事之间的竞争，以积极的方式开展竞争，既保证个人在工作上有突出的表现，也能够与同事之间建立良好的关系。

说起竞争，很多人第一时间就会想到硝烟弥漫的场面。其实，竞争未必是一场战争，也可以是友谊第一、比赛第二的豁达与从容。即使竞争必须分出胜负输赢，也可以以友好的方式进行。人生是一场漫长的旅程，对待工作我们更不可能一蹴而就或者一步登天。人不可能一口吃成个胖子，要想在工作上有所成就，就必须坚持点点滴滴地积累。在日积月累之下，必然能够从量变引起质变，获得质的飞跃。

张经理正在办公室里专心致志地看文件，老杜就心急火燎地冲进办公室。原来，老杜是来告状的。他一进办公室就迫不及待地说："经理，我有事情要告诉你，我和团队最近这段时间一直废寝忘食地争取拿下新项目，已经做了大量工作，但是老刘却横插一腿，现在突然说要和我们竞争，也要拿下这个项目。大家都是为了业绩，我能够理解这一点，但是，我不能理解，您为何同意老刘插手这个项目，难道老刘拿下这个项目是为公司赚钱，我拿下这个项目就不是为公司赚钱了吗？还是您对我有什么意见，故意以这种方式给我上眼药啊？"

老杜劈头盖脸地冲着张经理一通嚷嚷，张经理却说："老杜，我能理解你的心情，不过，也请你体谅我的安排。我也是刚刚才知道老刘和项目的甲方负责人有特殊的关系，和你相比，他更容易拿下这个项目，而且能够为公司争取到更多的利润。我是这么想的，你可以和老刘合作，也可以再重新做一个项目。对于你们前期的付出，公司也是有目共睹的，未来你们在新项目上取得成就，肯定会给你们丰厚的奖金。而且，等到老刘拿下这个项目，公司有了利润，也会给你们一些加班费，你看如何？"

听到张经理安排得这么周到，原本怒气冲天的老杜瞬间没了脾气。他很清楚，不管同事之间如何竞争，个人利益、团队利益都要让位于公司利益。这么想着，老杜只好偃旗息鼓，舍不得就此放下项目的他，主动提出给老刘打下手，和老刘一起搞好这个项目，张经理当然欣然应允。

在任何公司或者企业里，团队利益都是第一位的。当一个人能力突出，更加优秀，或者掌握了更好的资源，也就能够得到管理者更多的青睐和支持。在公司或者企业里，一派和睦的景象是不正常的，哪怕不是从事销售行业，同事之间也会因为面临利益关系而产生竞争。只有竞争，团队的气氛才会更加活跃，只有竞争，团队的活力才会被激发出来。

其实，竞争不仅存在于工作中。在生活中、社会上，我们同样面临竞争。每个人都有好胜心理，既不想输给对手，也不想败给敌人。在各种不同的环境中，我们一定要调整好心态，才能充分利用自身的竞争意识，激发自身的潜能，从而保证在工作上取得良好的成绩。我们每个人都有与他人竞争的心理，无论在社会上、情感中还是工作中，竞争无所不在。我们想击败敌人，也不想输给队友。如果能够在各种环境中利用好这种竞争心理，加强竞争意识，毫无疑问会产生非常良好的效果。尤其是在销售行业，竞争更是无处不在。很多管理者都会想方设法地激发同事之间的竞争心理，就是为了让同事之间形成你追我赶的状态，争相做出更好的业绩。有些高明的管理者还会特意设置竞争团队，让员工以团队的形式开展竞争，这样既能够最大限度激发每个员工的潜能，也能让他们发挥自身的能力融入团队之中，集合团队的力量创造佳绩。

对于团队而言，抢单式的竞争是很常见的，也会对团队发展起到积极的影响和作用。具体来说，抢单式的竞争方式有以下几点正面影响力。

首先，积极开展内部竞争的方式，使团队成员都最大限度实现了自我价值，证明了自己的业务能力。销售行业的竞争是非常残酷的，每个月的业绩都要清零，这意味着每个月都要开始新一轮的竞争。在销售团队中，以业绩为主要的评价标准，业绩好的人就能得到更多的优质资源和晋升机会，而业绩差的人则随时都有可能被淘汰。因为采取优胜劣汰的竞争文化，所以员工更加关心团队内部的各种机会，也随时做好准备抓住一切能够获胜的机会。对于上级交代的任务，不需要特别的督促和奖励，员工就会拼尽全力做好。这是因为销售人员具有极其强烈的危机感，每时每刻都要争取努力上进，证明自身的价值和意义。

其次，在内部开展竞争的状态下，能够促进团队成员的交流。很多人误以为竞争会使得团队内部四分五裂，这是一种偏见。只要采取正确的方式开展竞争，竞争反而能够促使团队更加团结，这是因为为了齐心协力在竞争中获胜，团队成员必须进行交流，必要的时候还要增进了解、相互配合，从而达成一致的观点。

再次，开展内部竞争，有助于促进团队创新。在激烈的内部竞争中，团队经营中的很多弱点都会暴露出来，使决策者和管理者更加重视从而解决这些问题。在不断暴露问题和解决问题的过程中，团队会变得越来越自主，也会想方设法进行改革和创新，从而推翻和打破陈旧僵硬的体制，不断地改革创新，使团队越来越富有活力，越来越充满创新力量。如此一来，不管是对员工个人，还是对企业和公司，都将大有裨益。

最后，通过开展内部竞争，还可以进行团队纠错。必须以开展内部竞争为前提，才能改正很多错误的观念，纠正很多错误的行为。在与同事开展内部竞争的过程中，人们将会时刻提醒自己不要犯错，也会时刻保持警惕的状态，纠正自己的很多错误，这样才能尽量把握每一个机会，让自己在与同事的竞争中获胜。如此一来，就从某种意义上降低了团队的犯错率，使企业提升了自我净化的能力。

正是因为如此，很多企业和公司都鼓励员工开展竞争，因为这样能够激发员工的潜能，让员工在规则允许的范围内提升自身的能力，也能够让整个团队都爆发出活力。同事之间不要害怕竞争，只要遵守规则，就能光明正大地展开竞争，使自己变得越来越强大。现代社会中，生存的压力越来越大，竞争越来越激烈，一个人只想享受安逸的生活是不可能实现的，必须拼尽全力适应竞争的时代，也适应竞争的生存模式，才能在竞争中凸显自身的能力，表现出自己的优势和特长。

第四章
树立终身学习观,让自己变得更加优秀

　　现代社会,学习已经不再是一朝一夕的事情,而是变成了需要终身坚持,并且努力做好的事情。每个人都要树立终身学习观,这是因为知识更新的速度很快,也是因为世界的发展日新月异。如果一个人不能做到积极主动地坚持学习,那么必然会被时代的脚步远远甩下。为了让自己始终紧跟时代的脚步,我们一定要加倍努力,以学习作为最好的成长方式,把自己锻造得更加优秀!

第四章
树立终身学习观,让自己变得更加优秀

谁说优秀的人不用努力

一直以来,很多人都陷入了一个误区,即觉得一个人如果非常优秀,那么就无须努力。这其实是错误的。一个人不管多么优秀,也不管多么有天赋,都要坚持努力。正如一位伟大的科学家所说,所谓天才就是99%的汗水加上1%的天赋。由此可见,天赋固然不可或缺,努力才是更重要的。有天赋而不努力的人很难获得真正的成功,哪怕天赋并不突出,也可以以勤奋作为弥补,让自己变得更加杰出。总而言之,优秀的人更要努力,才不辜负自己的天赋,也不浪费自己的才华,让自己竭尽所能表现得更好。

天赋是与生俱来的,然而,具有优异天赋的人少之又少。大多数人都要通过后天的努力,才能不断地积累各种知识,让自己变得更加优秀。从这个意义上来说,优秀的人并非天生就优秀,而是凭着努力才能变得优秀。这告诉我们努力具有至关重要的意义。现代职场上,很多人看到那些出类拔萃的优秀者总是非常羡慕,也时常仰视他们。其实,与其羡慕成功者所具有的无上荣耀，不如看到成功者在人后默默付出的努力和长久以来的坚持不懈。天上从来不会掉馅饼，也没有一蹴而就的成功。哪怕只是小小的收获，也需要我们付出努力和坚持才能获得。既然如此，不要再盲目地羡慕别人拥有好运气，也不要再盲目地试图模仿他人，每个人都有属于自己的成功，那是用自己的辛勤汗水浇灌出来的。

作为新员工的小张终于结束了试用期，比同期进入公司的人提前一个月就转正了。这是因为小张的工作能力很突出，而且具备很大的潜质。在同期进入公司的十几名员工中，优秀的表现无人能及。作为小张的顶头上司，蒋总当然希望小张能够留下来，为此申请提前一个月给小张转正。出乎他的意料，小张在得知自己可以转正的消息后，居然向蒋总提出了升职加薪的请求，这让蒋总非常地惊讶。蒋总委婉地对小张说："小张，你的能力的确很突出，不过还没有达到升职加薪的程度。我认为，你只要脚踏实地继续努力，不浮躁不虚夸，早晚有一天能够升职加薪。"

小张讪讪地说："我明白您的意思了，张总。我资历尚浅，现在提升职加薪的确为时过早了。"蒋总微笑着说："你前半句话对了，你的确资历尚浅。不过，你的后半句话是错误的，升职加薪与资历之间并没有必然的联系。只要你的确能力

第四章
树立终身学习观，让自己变得更加优秀

过硬，真正做出成绩，哪怕进入公司时间不长，也会得到更大的平台和更多的好机会。"小张这才真正理解蒋总的意思，当即毫不迟疑地表态："蒋总，放心吧，我必然百尺竿头更进一步！"

一个人不能凭借以前的努力就认定自己是优秀的，因而在不努力的状态下就想得到特别的对待。所谓好汉不提当年勇，就告诉我们每一个人都必须每时每刻保持努力的状态，才会有更加突出的表现。如果因为取得小小的成就，就降低对自己的要求，放松对自己的督促，那么小小的优势很快就会被追平，在激烈的竞争中也就无法继续保持前进的态势了。

现代社会中，很多人都是非常优秀的，他们或者有天赋，或者非常勤奋，或者有丰富的人脉关系，或者有特殊的技能。不管在哪个方面占据优势，他们都为此付出了努力，这样才能为自己争取到更多的机会，也获得更大的展示平台。

众所周知，扎克伯格非常优秀，在软件开发领域，他是一位不折不扣的天才。早在读大学期间，扎克伯格就创办了脸书。然而，大家只知道他的成功，却不知道他为了获得成功付出了多少努力。平日里，其他同学都去参加各种有趣的聚会，全身心地投入休闲娱乐，扎克伯格却独自躲在宿舍里，全神贯注地策划网站页面，想尽办法提高网站的访问量。他非常认真,特别专注,哪怕只是一行简简单单的代码,他也要反复用心地研究很久。很多日子里,他一直忙碌到凌晨四五点都没有休息。即便如此,他也没有对学习疏忽懈怠。他一边做自己最喜欢的、最感兴趣的事情,一边兼顾学习。正是因为如此认真和执着,他才能在最初创办脸书之际,就能让脸书在美国盛行开来,也成为全世界最大的一个社交平台。

在计算机领域,说起比尔·盖茨的大名,更是无人不知,无人不晓。早在读大学期间,比尔·盖茨就表现出对计算机的浓厚兴趣。当然,只有兴趣是无法获得成功的,比尔·盖茨的成功同样也离不开勤奋和努力。曾经,他闭门苦学整整17个小时,废寝忘食。正如每一位成功者一样,比尔·盖茨之所以能够获得成功,也正是因为始终非常勤奋,坚持进取。

心理学家经过研究发现,大多数人的天赋都是相差无几的,之所以有的人能够获得伟大的成就,璀璨夺目,有的人始终默默无闻,是因为他们努力的程度不同。正如一句流行语所说的:越努力,越幸运。而所谓的幸运,正是以勤奋努力为基础,坚持不懈地学习,才能获得好运气。

第四章
树立终身学习观，让自己变得更加优秀

努力从来不是用来表演给人看的

职场上，很多人都为自己愤愤不平，怨声载道：我明明已经非常努力了，为何总是不能获得任何成就呢？和那些悠闲的人相比，我每时每刻都在努力，命运可真是不公平啊！我把所有的时间和精力都投入学习了，为何学习始终不见成效呢？我压根想不明白为何有人说命运总是公平的，为何命运从未给予努力的我回报呢？……这样的抱怨时常在我们的耳边回响起来，也使我们无形中承受了巨大的心理压力，很多人还会因此而处于心理失衡的状态，最终放弃努力。

那么，为何努力了却没有回报呢？正如人们常说的，要想有所收获，就必须非常努力。但是，未必所有的努力都会开花结果。如果努力付出了，还没有收获，那就意味着努力的程度还不够。当然，除此之外还有一个原因，那就是所谓的努力只是假装在努力，甚至是刻意表演努力。这样的努力华而不实，也就不会开花结果。

假装的努力，或者是表演努力，也是有区别的。有些人没有意识到自己的努力是虚假的，有些人则是故意表演努力或者假装努力，只是为了证明自己真的在努力。他们不知道的是，努力总会开花结果，哪怕在努力的过程中失败了也能够得到经验和教训。相比之下，假装努力或者表演努力则浮于表面，没有任何实质性的进展。有些孩子每天都在努力学习，却在学习的过程中三心二意，时而东瞧瞧西看看，时而分心做一些其他事情，导致学习效率低下，事倍功半。相比之下，那些真正努力的孩子则全身心投入学习，虽然用于学习的时间有限，还用一些时间休息和娱乐，但是他们的学习效率却很高，这使他们的学习事半功倍。这就是真努力和表演努力的区别，也许能够暂时骗得了别人，却最终会被结果揭露真相。

在职场上，表演努力的人更多。他们明知道自己并不是真的努力，却试图以假装表现出的努力去打动他人。他们看似一直在全力投入工作，实际上却始终在偷懒。他们所谓的争分夺秒，只是看起来的快节奏而已。每当碰到难题时，他们情不自禁就会采取退缩的态度；每当遇到重要问题时，他们就会试图放弃，而不是想方设法地解决问题。和真正的努力相比，这样虚假的努力更像是一种刻意逢迎的表演，所以只有表演的效果，而不能真正奏效。而所谓假装努力的人更像是演员，他们不管是在生活中还是在职场上，每时每刻都在致力于表演。

第四章
树立终身学习观，让自己变得更加优秀

姜总正在策划部门的未来发展，小丽敲门得到准许后，拿着一个文件走进了姜总的办公室。小丽紧皱眉头向姜总求助："姜总，我知道您才思敏捷，总是有各种出奇制胜的好主意。您能不能帮我看看，对于这次活动方案应该怎么策划才好？或者，您哪怕点拨我一下，给我指明努力的方向也好啊！"

姜总并没有接过小丽递过来的文件，而是说道："小丽，如果我是你的助理，我会竭尽全力帮助你的。但是，我好像是你的上司吧。我招聘你进来，恰恰是为了减轻自己的工作负担，而不是为了加重自己的工作负担。我认为，你如果确定自己没有能力搞好这些事情，那么可以选择离职。反之，你就要想办法自己搞定工作的事情，而不要动不动就来求助于我。"小丽的脸上被姜总说得白一阵红一阵，不知道该如何回应姜总，只好拿着文件灰头土脸地站在那里。姜总继续说道："仅从表面来看，你仿佛是办公室里最努力的人，每天提前上班延迟下班。然而，我并不需要你这样虚假努力。我甚至主张，如果你们能够提前完成工作，保证质量，就可以提前一会儿下班。你看看和你一起进入公司的小娜，每次都能提前高质量地完成我交代的工作任务，我需要的是这样的员工。希望你尽早弥补自己的不足，否则我真的没有理由继续留你在我们部门了。"小丽赶紧点头，抱着文件离开了姜总的办公室，内心感受到很强烈的危机感。

在职场上，表演努力或者假装努力的情况屡见不鲜。例如，大多数人每天都会如同姜太公钓鱼一样稳坐办公室里八个小时，甚至还会因为加班而延迟下班时间。有些人忙得连吃饭喝水的时间都没有，自己忍不住标榜自己快要忙死了。其实，等到提交工作任务的时候，我们就会发现这些人的工作压根没有成效，甚至没有得出结果。他们试图以劳苦打动上司，让上司认可和见证他们的付出，却忽略了职场从来不是讲人情的地方，而是要看结果的。

作为管理者，面对不同类型的两种员工，前者投入大量时间和精力，工作上却收获甚微，而后者看似轻轻松松却能高质量、高效率地完成工作，会选择哪一种类型的员工呢？当然是后者。既然如此，职场人士就要改掉虚假忙碌的坏习惯，努力提升勤奋的品质，更要全面提升自己的能力和水平。

虚假的努力也许能够感动自己，却无法向他人证明自己的努力，这是因为虚假的努力很难获得切实有效的结果。有些人以虚假努力来给予自己心理安慰，最终只会自欺欺人。现代社会生活中，并没有那么多人都拥有泛滥的同情心，所以不管是比惨还是卖惨，都无法起到预期的效果。不管什么情况下，花费最少的时间和精力，投入最小的成本，实现最高的效率，争取到最好的结果，这才是完美的结局。

第四章
树立终身学习观，让自己变得更加优秀

抓住机会，创造机会

人们常说，只有时刻做好准备的人才能得到机会的青睐，这句话非常有道理。现实生活中，虽然很多人都梦想着得到机会，但是他们常常会因为各种各样的原因而与机会失之交臂。这是因为越是好机会，越是转瞬即逝。即便时刻准备着，也未必能够如愿以偿得到想要的机会，在这种情况下，我们不但要做好准备抓住机会，还要化被动为主动，积极地创造机会。

在如今的世界，没有人不知道机会的重要性，但很多人却压根不知道机会到底是什么。对于机会，很多人都不知道为何物。有些人盲目地夸大机会的重要性，认为只要抓住机会就能如愿以偿，也有人轻视机会，不愿意随时准备着抓住机会。更多人每时每刻都在谈论形形色色的机会，试图在把握机会的过程中让自己获得成长，坚持进取。具体地说，机会是什么呢？是一份很不错的工作，是一次有可能失败也有可能成功的尝试，是认识一个陌生人或者结识一个朋友，是帮助他人同时不知不觉间帮助了自己。总而言之，机会会以各种各样的形式出现在我们的面前，我们固然已经做好了随时抓住机会的准备，还要能够火眼金睛地识别机会的真面目，更要全面提升自己的能力，从而创造独属于自己的机会。

某公司要派两个员工去学习深造。这可是带薪学习，对于这个千载难逢的好机会，符合条件的员工们全都跃跃欲试，踊跃申请。安娜当然也想要得到这样的机会，但是她却只是想想而已，眼看着同事们全都积极地提交申请，她什么都没有做。对于安娜的表现，上司感到很纳闷，问道："安娜，你为何没有申请学习深造呢？"安娜落寞地说："头儿，你肯定知道这样的机会千载难逢，所以早就内定了。大家都争先恐后地提交申请，只是白忙活而已。"听到安娜这么说，上司忍不住笑起来，说："提交申请只是举手之劳的事情，万一你幸运地被选中呢？如果就这样无所作为，那么就只能眼睁睁地看着好机会从眼前溜走啦！"安娜还是不为所动。上司忍不住继续鼓励安娜："安娜，你愿意申请，至少表明了你积极上进的态度。如果你不愿意申请，那么就说明你压根对学习不感兴趣。这样一来，就算管理层想选你，也没有机会选你啊！你这么做不但剥夺了自己表现的好机会，也剥夺了管理层给你表现能力的机会。"听到上司说得就像绕口令一样，安娜忍不住笑起来。

在上司的鼓励下，安娜终于赶在最后期限提交了学习的申

第四章
树立终身学习观，让自己变得更加优秀

请。让安娜大为惊讶的是，这次公司居然派出了三个人去参加学习和深造，其中就有她。安娜不由得感到幸运，赶紧去感谢上司，说道："头儿，幸亏你坚持鼓励我申请，否则我哪里知道这样天上掉馅饼的好事居然能够砸到我的头上呢！"上司忍不住笑了起来。

毋庸置疑，人在职场必然面临很多特别激烈的竞争，如果总是先入为主地做出判断，被困于主观的片面想法和观点之中，那么必然会故步自封，也会因为很多错误的认知而错失很多好机会，限制自己的成长和发展。在任何一家公司里，面对好机会，大家都会蜂拥而上，对于很多自信的人而言，哪怕明知道自己的资格还有所欠缺，也会本着不要错过的观点积极地争取机会。反之，有些人很自卑，也常常会在面对有一定难度的事情时打起退堂鼓，在这种情况下，就很有可能白白地失去很多好机会。

正如人们常说的，不经历无以成经验。在人生之中，很多事情都需要亲身经历，而不要被预估的结果吓得直接放弃。当你勇敢地尝试，即使失败了，也能够获取经验；当你畏惧得不敢做出任何举动和行为，即使得以自保，也错失了好机会。尤其是在竞争日益激烈的职场上，机会很少，对机会虎视眈眈的人却很多。所以更要勇敢果断，才能把握住机会，也才能抓住

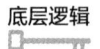

机会去创造机会。

　　未雨绸缪固然是稳妥的选择，但是杞人忧天却有过度的嫌疑。做任何事情都有两种可能，一种是成功，另一种是失败。如此想来，成功与失败的概率其实是相当的，都是50%。既然如此，我们还有什么必要惧怕失败呢？只要做到慎重地思考，充分地准备，我们就可以在学习和成长的道路上走得更远更好。真正勇敢的人不是初生牛犊不怕虎，而是明知山有虎，偏向虎山行。所以作为失败者不要再哀叹自己没有得到好机会了，而是要反思自己是否真的抓住机会，在没有机会的情况下，又是否真的主动创造机会了。

　　要想成为勇敢创造机会的人，我们就要做到以下几点：

　　1. 突破思想的禁锢，不要总是故步自封，而是要积极地学习新知识，接受新观念，这样才能形成开放的格局，让自己坚持创新，坚持进取。

　　2. 给自己适度的压力。很多人都不愿意承受压力，而是安于现状，享受安逸。生活越安逸，人的本性就越是懒惰，甚至会彻底放弃努力，这显然会使人陷入温水煮青蛙的温吞状态，很快就会如同逆水行舟一样，被身边那些飞速前进的人远远地甩下。

　　3. 向优秀者看齐。人，固然不能狂妄自大，可也不能妄自菲薄。每个人都是这个世界上独一无二的存在，都是不可取代的。基于这一点，我们必须对自己充满信心，努力地向着优秀者靠拢，而不要认为自己天生就该成为优秀者的背景板，更不要认为自己即使努力了也不会有所进步。一分耕耘一分收获，一分努力一分进步。对于任何人而言，努力都是必需的状态，我们无须与他人比较，而只要在努力之后比自己有所进步，就该感到满意，应该再接再厉。

4.坚持到底，决不放弃。创新绝不是一件简单容易的事情，很多人都想要创新，却在遭遇失败之后选择了放弃。古往今来，那些伟大的人无一不是坚持到底才能取得成功的，我们也要越挫越勇，才能无限地接近成功，直到抵达成功的巅峰。

不经历风雨怎能见彩虹

俗话说，要想人前显贵，就要人后受罪。这句话非常形象地为我们揭示了成功者之所以成功的原因。不管是在生活中还是在工作中，很多人看到成功者头顶光环出现在大众面前，总是忍不住羡慕成功者，认为成功者正是得益于天赋、资源、机会等方面，才能够取得成功。这么想的人都进入了思维的误区，即认为外部因素才是成功者成功的主要原因，这是大错特错的。对于成功者而言，不管是否有天赋，不管是否有贵人相助，也不管是否得到了特别的资源，他们都有一个共同点，即有着吃苦的决心，也有着百折不挠的勇气。和一遇到小小的挫折就会选择放弃的失败者相比，成功者哪怕遭遇数次挫折，也会一往无前地坚持下去，不到最后一刻，他们绝不放弃。这正如一首歌里唱的，不经历风雨，怎能见彩虹，没有人能随随便便成功。

众所周知，在西方国家，爱迪生被称为电灯之父，这是因为他发明了电灯，为全世界带来了光明。然而，爱迪生发明电灯不是偶然的，既非天赋，更非运气，而是因为他很勤奋，够坚持。为了找到合适的材料作为灯丝使用，爱迪生尝试了七千多种材料，进行了一千多次实验。如果没有决心和毅力，换作他人，也许在失败若干次之后就会选择放弃了，那么整个世界将会因此而晚很长时间才能进入光明。

古今中外，很多优秀的人和伟大的人之所以做出了非同凡响的伟大成就，恰恰是因为他们能够坚持不懈，直到最终获得自己想要的结果。所以我们不但要看到成功者的光鲜，更要看到成功者在不为人知的黑暗时刻怎样艰难地坚持，又怎样无畏地付出。

作为一家销售公司的老板，天宇对公司的管理是非常松散的。这不，才招聘来的助理有些不满地抱怨道："老板，您让我来是整顿公司纪律和风气的，其他部门的人都还好说，但是销售部门的人可真是难管，每天不是迟到就是早退，很少有人能按时按点地上班。我认为，虽然销售部门业绩很好，但是不能因此就对他们放宽要求。毕竟，公司要对所有员工一视同仁，才能真正实现正规管理。"

助理话音刚落，天宇就笑起来，助理继续说道："老板，看看吧，就是你的态度才让销售部的人变本加厉，违反公司规定。"天宇问道："你是不是认为销售部的人很轻松，很自在?"助理点点头,天宇继续说道:"你呀,只看到'贼吃肉,没看到贼挨打'。做销售可不像表面上看起来这么容易,据我所知,销售部今天迟到的人昨天晚上去陪客户吃饭了,一直到凌晨两点多才回家,所以上午迟到半天也是情有可原的。你认为呢?"助理恍然大悟,说道:"难怪他们不以迟到早退为耻,反而以迟到早退为荣呢!我之前误以为是您给了他们尚方宝剑,看来,他们是心中有底气啊!不过,这不利于全面管理公司。"天宇说道:"没关系,对于其他部门,你该怎么管理还是怎么管理。如果他们以销售部的人为借口有样学样地迟到早退,那么就让他们来找我申请不遵守公司规定,我一定会把他们说得满面羞愧。"听到老板胸有成竹地说出这些话,助理这才放下心来。

在很多公司里,销售部门都是特殊的存在,这是因为销售部门的工作有很大的灵活性和随机性,也许一整天都闲着没事干,到了晚上却要陪着客户吃饭,或者进行其他娱乐活动,这使工作时间和方式都是多变的,所以管理者不能以固定的标准要求销售部门。

在职场上,有些人看似很努力,却因为小不如意就备受打击,甚至选择完全放弃努力。但是,真正有韧性的人却真金不怕火炼。依然以销售部门为例,在销售部门里,每个人都要凭着自己的努力付出才能生存下来，任何时候只要偷懒就会导致没有收获，这一点是毋庸置疑的。也正是因为销售工作的特殊性，所以大多数销售行业的薪酬都是以底薪+提成的方式发放的，这得管理销售部门既很难——因为要激发员工的销售热情和动力，也很容易——因为员工要想赚更多的钱就必须养足精神努力拼搏。在职场上，和其他任何岗位上的同事相比，销售部门的人都是最能感受到一分付出一分收获的。

对于所有人而言，时间都是公平的，每个人每年都有365天，每天都有24小时，每个小时都有60分钟，而每分钟都有60秒。要想最大限度发挥时间的作用，就要做好统筹安排，把分分秒秒都利用到极致。每当他人努力拼搏时，每当他人全力以赴争取最好的结果时，每当他人为了提升自己的能力坚持学习时，我们在做什么呢？不要一看到他人的成绩，就将之归结为运气，我们还需要看到他人的勤奋和努力，这样才能真正向他人学习，也和他人一样不遗余力地去做自己想做的事情。

记住，世界上从来没有天上掉馅饼的好事情，任何人想要出人头地，想要如愿以偿地获得成功，想要赢得他人的平等对待甚至是尊重和崇拜，就只能以勤奋努力方式挥洒汗水，并且以汗水为自己铺就通往成功的道路。记住，你努力的程度决定了你将会多么风光。对于任何人而言，不管是否有天赋，不管是否有决心和毅力，勤奋努力都是唯一的选择！

底层逻辑

选择适合自己的赛道

在我们的身边,一定有很多出类拔萃的人,他们非常优秀,不但在学习阶段进步神速,进入职场之后,也取得了飞速进步,而且取得了了不起的成就。对于这样一路成长都很顺利的人,我们也许会将原因归结为他们有常人不可比拟的天赋,也有适宜成长的外部环境。的确,不管是天资聪颖,还是适宜的外部环境,都是一个人取得成功必不可少的条件。但是,这些优秀者所具备的各种先天条件和外部条件都是不同的,却殊途同归地取得了成功,为什么呢?因为他们都有一个共同点,即勤奋努力,积极向上。

如今,社会上流行一个词语,叫作"躺平"。"躺平"这个词语特别形象,用以形容那些面对激烈竞争选择随遇而安或者随波逐流的人,他们既不会因为想要赶超他人就奋发图强,也不会因为自己的现状感到不满意而试图改变。他们贪图安逸,认为现在的状态固然不能令人满意,却也不会让人感到无法忍受。他们如同寒号鸟一样在寒冬到来时叫嚣着要垒窝,却

第四章
树立终身学习观，让自己变得更加优秀

又在侥幸熬过寒冬之后依然选择对命运逆来顺受。当看到身边有些人表现特别突出，获得了他们曾经梦想得到的成就时，他们只会酸溜溜地说一句："运气好而已！""人家家里有人当官！""他呀，就是有天赋，对待工作还没有我用心呢，取得的成就却不少！"他们之所以说出这些话，完全是吃不到葡萄就说葡萄酸的心理在作怪。

心理学家经过研究发现，大多数人的天赋都是相差无几的，之所以有的人成功，有的人失败，是因为后天的努力程度不同。既然如此，再也不要以天赋为借口不努力了，而是要用心地研究那些优秀者，努力地向他们学习。虽然我们无法复制优秀者的成功，但是却可以从优秀者身上学习很多优秀的品质，模仿他们的样子养成很多好习惯。唯有如此，我们才能从远离成功到接近成功，也才能在自我成长的道路上走得更远。除此之外，还可以选择适合自己的赛道，为自己另辟蹊径，获得成功。只要用心选择，我们也许就能避开激烈的竞争，换一种方式接近自己的目的地，在坚持努力的情况下顺利实现目标。

自从然然升入高中，父母就一直规划着让然然读大专，然后托关系把然然送入体制内，从此之后就过着旱涝保收、衣食无忧的生活。刚开始时，然然的确很愿意接受父母的规划，但

是进入高三没多久,看到身边的同学们全都铆足了劲努力学习,然然受到了感染,也忍不住开始思考和规划自己的未来。尤其是在理想分享会上,她亲耳听到很多同学说出目标大学,以及对于未来的憧憬,然然突然间意识到:我不能继续这样混日子了,我应该和大家一样拼尽全力,哪怕不能让自己完全满意,至少可以做到无怨无悔!这么想着,然然仿佛变了一个人,开始全力投入学习。

然而,在分析自己的学习现状之后,然然又感到沮丧了。在高一和高二阶段,她是不折不扣的学渣,如何能在当下扭转学习的败局,考入大学呢?思来想去,然然意识到拼文化课的成绩自己处于完全的劣势,最好的办法就是走艺考的道路,这样才能跻身进入大学,成为真正的大学生。如此,然然感到轻松点儿了,毕竟走艺考生的道路比利用最后高三时光变成学霸有更大的可行性。继而,然然思考了自己擅长的艺术类,也进行了研究,发现航空乘务居然也属于艺术类专业。她仿佛找到了未来之光,欣喜若狂。要知道,在她身边,所有人都和她一样误以为艺术类专业只有画画、唱歌、舞蹈等呢!她决定就从航空乘务专业入手,独辟蹊径,跻身大学。

最终,然然顺利通过了考试,成为了航空乘务专业的一名学生。这样的方式尽管有投机取巧之嫌,但是却光明正大。很多同学平日里学习比然然好,通过高考考取的大学却不甚理

第四章
树立终身学习观，让自己变得更加优秀

想，他们甚至很羡慕然然。

然然之所以能够在高三逆袭成功，恰恰是因为她首先选择了适合自己的赛道，然后持之以恒地努力。很多人都看过田忌赛马的故事，其实就是为不同的马选择不同的赛道，从全局上通过放弃劣势的马匹而帮助优势的马匹获得成功。人生的本质就是一次又一次的选择，正是若干个选择串联起来，才让我们获得了整个人生。人生或者充实，或者空虚，或者狼狈不堪，或者非常美好，都是取决于我们的选择。如果看过很多的人物传记，我们就会发现那些伟大的人物在做出选择时既慎重，又能够放开手脚，放心大胆，甚至突破和挑战自我。

世界首富比尔·盖茨因为创办了微软公司而闻名于世，对全世界产生了深远的影响，更是带领全世界走向了网络时代。如今，只要说起比尔·盖茨，很多人就会想起他当年果断地从哈佛大学退学创办微软的辉煌时刻，其实，比尔·盖茨的举动并不能单纯地以勇敢来概括，在个人成长和创办微软的过程中，比尔·盖茨都在凭着自身的天赋、资源和机会等打造属于自己的超级赛道。实际上，比尔·盖茨的父母都很不寻常，也在很多方面都给予了比尔·盖茨极大的助力。比尔·盖茨的爸爸是一位律师，也是一位慈善家。在华盛顿，他的人脉非常丰富，政商关系堪称典范。比尔·盖茨之所以在华盛顿创办微软公司，恰恰是因为能够从爸爸的资源中得到极大助力。和比尔·盖茨的爸爸相比，比尔·盖茨的妈妈玛丽·盖茨家世显赫，她出生于银行世家，具有经商的天赋，在商海中叱咤风云。与此同时，她还是全国联合劝募协会执行理事会的首位女性主席，也是华盛顿州金县联合劝募协会有史以来的第一位女总裁。每一个开公司的人都想与银行建立良好的关系，在这个方面，因为得到妈妈的帮助，比尔·盖茨压根无需发愁。看到比尔·盖茨具备如此得天独厚的外部条件，普通人一定会感到望尘莫及，事实也的确如此。

不管是面对各种各样的事，还是面对形形色色的人，很多人都喜欢分析因果。既然如此，不妨深究成功者之所以能够成功的原因，就会发现选定最适合自己的道路是通往成功的出发点。作为普通人，我们当然不可能具备比尔·盖茨的赛道，但是却可以从比尔·盖茨的成功上找到成功的原因。如果一定要模仿成功者，我们不妨选定身边那些和我们从相似的起跑线开始起跑的成功者作为学习的榜样，这样才能更快地让模仿起到应有的作用和效果。

第四章
树立终身学习观，让自己变得更加优秀

爱面子，不如爱学习

有些人把面子看得比里子更重要，所以才有了"死要面子活受罪"这种说法，用以嘲讽那些要面子不要里子或者打肿脸充胖子的人。尤其是在职场上，同事与同事之间充满了竞争，或者是为了争夺客户资源，或者是为了争夺升职加薪的机会，总而言之，很多事情必须分出个胜负输赢，才能有结果。越是如此，大多数职场人士就越是看重面子，毕竟谁也不想在竞争中认输。其实，爱面子不如爱学习，与其以勉强的方式为自己争得面子，不如以学习的方式充实自己，提升自己，这样才能凭着实力为自己增光。

除了在竞争中爱面子之外，在日常的工作中，也常常涉及到面子问题。有些职场人士自身能力有限，或者患有严重的拖延症，因而对于自己的份内工作总是无限度地拖延下去，日久天长，就会无法向老板交差。每当被老板指责，他们还会想尽办法为自己狡辩，试图掩饰自己的错误和不足。不得不说，这样的狡辩态度显得很不真诚，只会惹得上司更为不满。在意识

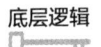

到自己犯了错误或者没有表现得令老板满意的情况下，绞尽脑汁地辩解是不可取的，必须勇敢真诚地承认错误，这样才能赢得上司的宽容和谅解，也为自己争取到时间积极地改正错误，弥补过失。

最近，上司安排了一个任务给小松，那就是完成客户的产品计划书。这项任务非常重要，在接受任务的时候小松非常开心，也意识到这是老板对他的赏识和信任。然而，在推进过程中，小松因为自身能力有限，工作进展受到限制，所以并没有尽快地完成计划书。这天开完会，老板询问小松："小松，计划书写完了吗？"小松显然没有意识到老板这么快就会问他进度，因而愣怔了片刻，才带着辩解的态度回答道："老板，我不太熟悉产品推广，所以计划书的进度比预期的慢一些。"听到小松的回答，老板明显地皱起眉头，说道："你不熟悉产品推广，在接受这个任务的时候为何不告诉我呢？况且，销售部的同事都很熟悉产品推广工作，你有很多机会可以请教他们啊！还有几天就要交计划书了，你能完成吗？"

小松为难地看着老板，思考片刻说道："问同事可能不太好吧，我已经准备了很多资料，正要开始学习呢！"老板对于小松的回答很不满意，说道："既然如此，那你就尽快学习，我要求你必须如期完成计划书，否则现在就告诉我，我可以把这个

第四章
树立终身学习观，让自己变得更加优秀

任务交给其他人完成。另外，我提醒你一句，对于不耻下问的人而言，这个计划书很快就能以请教同事的方式来完成。"

小松也许认为自己在公司里算是有资历的员工，如果向其他同事请教就会丢面子、掉架子，其实这样的想法完全是错误的。古人云，三人行，必有我师。对于每个人而言，都不可能做到在各个方面都非常突出，那么遇到超出自己擅长范围的事情，我们必然要请教其他同事。当然，小松还是很乐意学习的，只是没有意识到学习也是有捷径可走的。在不急于完成任务且有充足资料的情况下，当然可以借助于学习资料进行学习。但是在急于完成任务且缺乏学习资料的情况下，以虚心的态度请教其他同事，从其他同事那里学习宝贵的经验，当然是更好的选择。

人在职场，很多情况下都要论资排辈，但是这并不意味着有资历的人不能向没有资历的人学习。学习，就是要不耻下问，况且每个人都有自己的优势和特长，我们要看到他人的闪光点，积极地向他人学习。有些老员工很早之前就进入公司了，虽然有着丰富的经验，也树立了个人的威望，但是这并非意味着他们在每个方面都远远地超过新人。老员工往往行事稳妥，却缺乏新员工的热情和创新意识，在这些方面是要积极学习新员工的。与此同时，老员工还要把自身的经验传授给新员

工，从而做到与新员工互相学习，取长补短。

除了可以向其他同事学习之外，在工作的过程中，我们还要积极地求教于客户。首先，我们需要完成的很多工作都要达到客户的要求和满足客户的需求，既然如此，在工作的过程中，我们必须随时和客户沟通，深入挖掘和了解客户的真实需求，从而才能圆满地完成工作。其次，三百六十行，行行出状元。客户所从事的行业与我们所从事的行业是不同的，这使我们与客户在专业方面没有很多的共同点，但是在创新工作方面，如果我们愿意敞开心扉与客户沟通，也积极虚心地采纳客户的意见，那么我们就能够从客户那里得到启示。

任何情况下，面子固然重要，学习更加重要。面对工作，我们要时刻牢记"面子重要，学习更重要"的道理，才能放下虚荣心，坚持自己对待工作的原则和底线，从而在工作中有更加出类拔萃的表现。

第四章
树立终身学习观，让自己变得更加优秀

只有学历远远不够

在过去的一段时间里，大多数人都认为学历是很重要的，这其中既包括求职者，也包括招聘者。然而，近些年来，大家渐渐地意识到学历固然能够在一定程度上代表知识水准，但是却不能完全代表一个人的能力。在招聘会上，含金量高的学历会起到敲门砖的作用，帮助求职者得到很多大公司招聘者的关注和青睐。但是在真正进入公司之后，只靠着学历，职场新人很难站稳脚跟。进入职场的正确途径是，以学历赢得应聘者的青睐，然后在工作中全面地表现出自己的个人素养和能力水平，这样才能真正为自己赢得一席之地。

在职场上，很多名牌大学的毕业生瞧不起普通院校的毕业生，但转身又被那些在世界名校进修过的毕业生貌视。不得不说，以学历论资排辈的现象在职场上还是很常见的。如果没有含金量高的学历，想要凭着自身的能力立足就相当于逆袭；即使有含金量高的学历，也需要凭着真实的本领和能力，才能让自己在职场上有更加出色的表现。那么，对于学历，我们究竟应该持有怎样的态度呢？一方面，我们不要单纯想要凭着学历就换取好前途，因为学历只能代表我们过去的学习情况，而不能代表我们未来对待工作的态度和能力。另一方面，我们在以学历作为敲门砖进入职场之后，切勿抱着吃老本的心态躺在学历上睡大觉，而是要坚持终身学习的理念，怀着谦虚的心态学习职场知识，向领导、同事等人学习各种经验。

在如今的时代里，知识更新的速度非常快，甚至让人应接不暇。与其被动地等待，不如选择主动出击，不管是对于职场发展，还是对于人际交往等，都是如此。

最近，公司里正在争取一个大项目，这个项目难度很大，需要极其专业的人才负责。为此，杜总特意招聘了几个高学历的人才，其中小林的专业水平最高，因为他毕业于该专业国内顶尖水平的名牌大学。然而，在项目接洽过程中，杜总总是亲自上阵，迟迟没有安排小林负责对接客户。助理很纳闷，问杜总："杜总，您招聘小林等人加入公司，不就是为了拿下这个项目做准备的吗？我认为小林是负责这个项目的最佳人选，你为何迟迟不愿意启用小林呢？"杜总反问助理："你为何会这么想呢？难道就因为小林毕业于名校？"助理毫不迟疑地点点头，说："小林不但毕业于名校，而且毕业的成绩非常优秀。"

杜总笑着说："并非有高学历就有高能力，我虽然是为了这个项目才招聘他们，但是我还需要继续考察他们的工作表现和工作能力。在职场上，很多高学历的人能力不足，这已经屡见不鲜了。"助理恍然大悟，接连点头。

作为老板，杜总的眼光还是很犀利的。他因为高学历而招聘小林，但是并没有随便就把重要的项目交给他负责，这是因为他很清楚，高学历不等于高能力，所以他还要在未来的工作中考察小林各个方面的表现。从求职者的角度来说，这就表明以高学历获得好的工作机会和工作岗位之后不能一劳永逸，而是要继续凭着自身的能力做好各个方面的事情，在职场上施展拳脚，真刀真枪地打拼。

具体来说，除了要有高学历，还要有学习力。这是因为现代职场要求每一位从业者都能具备终身学习的能力，在工作的过程中全力以赴做好自己该做的事情，这样才能真正为自己赢得立足之地，也才能真正赢得上司和老板的赏识与认可。

那么，如何才能具备学习力呢？

首先，要有学习的动力。很多大学生一旦毕业离开校园，走入职场，就认为自己不再需要学习了。其实，这样的观点大错特错。一定要发自内心地意识到学习的重要性和持久性，也一定要充满热情地坚持学习。每个人都要有强烈的进步意识和动机，最大限度地提升学习欲望和学习动力，这是形成学习力的第一步。

其次,有迎难而上的决心和勇气。职场不同于校园,职场人士将会面临很多的挑战,需要竭尽全力去做到最好,也需要拼尽全力去突破和超越自我。面对困难,要有越挫越勇的决心和勇气,否则随随便便就放弃了,是永远不可能获得成功的。

最后,坚持到底就是胜利,毅力永远是成功的必备条件。不管处于怎样的工作环境中,职场人士都必须有毅力。这是因为唯有充满毅力,才能在各种艰难的处境中勇往直前,绝不放弃。哪怕只是做一件简单的事情,都需要坚持漫长的时间才会从量变到质变,获得根本性的飞跃。

苏格拉底是古希腊大名鼎鼎的哲学家,他有很多学生。有一天,他对学生们说:"今天的课程只有一项任务,就是学会一个非常简单的动作,即尽量向前甩胳膊,再尽量向后甩胳膊。"说完,苏格拉底就给学生们示范了一遍,并且对学生们提出要求:"从今天起,每人每天都要做这个动作300次,大家觉得有难度吗?"和学习深奥难懂的哲学知识相比,做这个动作太简单了,为此大家全都心照不宣地笑了。

一个月之后,苏格拉底询问学生们完成动作的情况,说道:"哪些同学每天都坚持甩胳膊300次了,请举手示意。"苏格拉底话音刚落,大多数学生都很骄傲地高高举起手。很快，又是一个月过去，苏格拉底再次询问学生们完成动作的情况，发现依然坚持完成动作的同学数量减少了很多。一年之后，苏格拉底再次询问学生们完成动作的情况，结果，在所有同学中，只有柏拉图举起了手。后来，柏拉图成为了古希腊的伟大哲学家。

　　从这个事例中，我们不难看出坚持的重要性，以及坚持所具备的强大力量。世界上，坚持是最难的事情。古今中外，所有成功者之所以能够获得成功，除了有自身具备的得天独厚的条件之外，还因为坚持。即使是一件非常简单的事情，在长期坚持之后也会取得令人惊讶的成果。所谓活到老学到老，更是告诉我们必须要坚持学习。

　　在学习的过程中，我们还要讲究学习的方法，提升学习的效率。很多人假装在努力，那么与真正努力的人相比，他们就会被远远落下。

底层逻辑

面对学习型对手,学习是你的唯一出路

如今,职场上的竞争越来越激烈,不仅正在学校里学习的孩子被内卷,人在职场,更是免不了被内卷。尤其是当身边的同事都是学习型对手时,学习更是成为我们唯一的出路。这不仅是因为活到老学到老,更是因为不学习就会被时代抛弃,就会被同事落下。

不仅职场如此,商海更是如此。在商业竞争中,各行各业中的公司都要推陈出新,迎难而上,才有可能成为行业的带头者,也才能快速发展,在瞬息万变的行业中取得更好的成绩。很多中年人都对摩托罗拉和诺基亚有着深厚的感情,这是因为他们都曾经经历过摩托罗拉和诺基亚占据行业领先地位的时代。当年,摩托罗拉因为研制出V8088的经典机型,销量大增,成为手机市场上的主流。遗憾的是,摩托罗拉并没有意识到竞争的激烈程度,始终沉醉于该机型的傲人业绩,却不知道诺基亚已经意识到快打慢、慢打迟的道理,因而顶着巨大的压力火速开发新机型,迎头赶超摩托罗拉。糟糕的是,诺基亚在

第四章
树立终身学习观，让自己变得更加优秀

终于赶超摩托罗拉之后也陷入了沾沾自喜的状态中，为新机型的傲人销售业绩而沉醉。这个时候，苹果公司抓住机会，悄无声息地赶超了诺基亚。从商海中各个企业的浮浮沉沉不难看出，那些拒绝学习，也不愿意主动改变的个人和单位，终会遭遇失败。真正的成功者，总是具有超强的学习力，正是因为这样，他们才能始终坚持学习。哪怕处于顺境之中，他们也会始终充满危机意识，意识到如果不积极地寻求改变，就会被时代所淘汰。由此可见，学习力和危机意识正是成功者成功的根基。所以，失败者大都是拒绝学习和改变的人，成功者也都是有强大的学习力和危机意识的人。

在通用电气历史上，杰克·韦尔奇是最伟大的CEO。他说："未来，你也许会拒绝学习，但是你所有的竞争对手都会坚持学习。"对于每个人而言，过去的经验既是宝贵的财富，也是无形的桎梏；未来的学习既是一种巨大的投入，也是一笔宝贵的资产。我们必须以学习的方式不断地改进过去积累的经验，才能在现在和未来充分利用这些经验，为自己的成功添砖加瓦。正如人们常说的，生活如同逆水行舟，不进则退。当对手都在竭尽全力地往前奔跑时，我们必须保持时刻学习的思想和信念，才能始终与强大的对手并驾齐驱，也才能与强大的对手相互抗衡。

最近这段时间，小刘正在与同部门的小李争夺销冠，所以对待工作就像是打了鸡血一样充满热情，干劲儿十足。就在这时，上司通知小刘："小刘，最近公司有培训的名额，是与新媒体有关的，我推荐你去。"小刘难以置信地看着上司，问道："头儿，你没事吧，我这个月可是要争夺销冠的。在这个节骨眼上，你居然让我去学习，你知不知道我离开一天意味着什么？况且，去学习不止离开一天，居然要离开七天，我坚决不能去！"

上司耐心地向小刘解释："小刘，我当然愿意看到你们在工作上你追我赶的劲头，但是你要把目光放得长远一些。这次学习的机会非常难得，学习利用新媒体，你就可以从更多的地方开发客户，意味着将来可以财源滚滚啊！反正，你自己考虑，如果你决定不去，大家一定争抢着想要得到这次带薪学习的机会。最重要的是，如果小李得到这个机会，他一定毫不迟疑去学习，学习回来很有可能甩你十八条街呢！"小刘意识到问题的严重性，当即说道："头儿，别，我还是去吧！我可不想被小李甩下十八条街呢！"上司忍不住笑起来，说："下一次小李也会去参加培训，这个先机还是让你占了。幸好你反省过来了，否则这个先机就是小李的。"在上司的一番开导下，小刘开开心心地接受了这个机会。

第四章
树立终身学习观,让自己变得更加优秀

在现代职场上,人人都意识到学习的重要性,也都会抓住各种机会学习新知识,学习新理念,接触新鲜事物。在学习的道路上,人人都是平等的,不管在职场上的经验是多还是少,都要坚持学习,才能获得进步。

很多时候,我们未必是退步了,但是当身边的人都积极进取,唯独我们自己原地踏步时,就相当于退步了。所以,我们要更加积极主动地学习,在面对工作的时候才不至于被动。

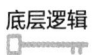

每天进步一点点

说起进步,人人都想进步,有的人在躺平的状态下梦想着遥遥领先,有的人不遗余力地超越他人,有的人则想方设法地追赶他人。其实,不管出于怎样的心态,任何人都不可能不劳而获,也不可能毫不费力获得成功,更不可能一蹴而就达到理想的巅峰。如果只需要空想就能实现理想,那么人人的理想都是非常远大的。遗憾的是,一分努力一分收获,有的时候,努力了也未必有收获,或者未必能够得到预期的结果。

人之所以常常感到艰难,恰恰是因为在走上坡路。如果任由自己不停地往下滑溜,只需要地心引力的作用即可,压根无须劳心费力。可见,战胜地心引力是需要决心和毅力的,还要能够百折不挠,一步一个脚印地向上攀登,而不是梦想着不劳而获,或者轻轻松松。

对于成长和进步,太多人都特别心急,他们恨不得一步登天,当即梦想成真。正如一首歌所唱的,不经历风雨怎能见彩虹,没有人能随随便便成功。的确如此,人人都要亲身经历风风雨雨,才能在漫长人生中开拓出属于自己的道路。有的时候,我们固然可以通过模仿获得他人的成功,但是那样的成功并非真正属于我们的。我们所要做的是,根据自身的实际情况,给予自己更多的希望和信心,让自己的内心充满前进的力量。

看到公司上一个月的工作考核结果名单,小邓赶紧找自己的名字,但是在前十强的名单里,他压根没看到自己的名字。他赶紧去老板办公室,恰巧老板正在,小邓心急地问道:"老板,我怎么不在上个月的十强里呢?我的工作表现很不错啊!应该能入围前十强。"老板看着小邓,淡淡说道:"你自己难道不知道原因吗?"

小邓摇摇头,说:"不知道。我只知道自己兢兢业业,每天除了吃饭睡觉,把所有时间都扑在工作上。上个月,我是全勤,而且我的业绩应该非常好。所以,我想不明白自己为何不在前十强里。"

老板一本正经地说:"小邓,工作可不是仅完全基本工作,因为公司交给你的基本工作只是最基础的。也许你觉得只要完成基本工作就好,但是在你的身边,很多优秀的同事在完成基本工作的前提下,还会超额完成工作。你也知道,我作为老板是以公司利益为重的,所以我会优先提拔那些超出我预期的员工。"

对于老板的解释，小邓显然有些不满意，他嘀咕道："老板，我们是人，不是超人，怎么可能一飞冲天呢？"老板听到了这句话，耐心地继续教导小邓："小邓，没有人是超人，关键在于每天都要坚持进步，那些优秀的人也并非天生就比你优秀，更不是一蹴而就成功的，他们只是坚持每天都进步一点点；从现在开始，如果你能够坚持进步，相信在不久的将来，你一定会让我刮目相看。"小邓若有所思。

一个人的成就很难超出他对自己的预期，所以每个人都会不同程度地达到自己的预期。这意味着，一个人对于自己的预期要求越低，越是会出现退步。在职场上有个现象非常明显，那就是大多数职场新人对于自己的预期都是很高的，他们按时上班，按时下班，对待工作尽心竭力，事无巨细地完成每一项工作。随着工作的技能越来越熟练，积累的经验越来越多，他们渐渐地就会产生疲惫感，对待工作也会变得麻木，不再要求自己事事都追求完美，而是要求自己完成公司的指标。长此以往，他们从进步状态变为停滞不前，这个时候，如果身边的其他人都在努力，那么他们就会被远远落下，表现为退步。

人的本能都是趋利避害的，所以很多人难免会产生安于现状的想法。尤其是在度过公司的考核期，或者在公司里站稳脚

第四章
树立终身学习观，让自己变得更加优秀

跟之后，贪图享乐的想法就会占据上风。很多情况下，并非外界的环境限制了我们，而是我们的内心。要想始终满怀对工作的热情和对未来的憧憬，我们就不能仅以当一天和尚撞一天钟的心态对待工作，也不能仅以达标为目的要求自己。任何时候，我们都不要给自己的成长和进步设限，否则我们就会像自己初入职场时讨厌的"老油条"一样，渐渐地耗尽青春和朝气。

正如西方国家的一句谚语所说的，不想当将军的士兵不是好士兵。对于每一个职场人士而言，在做好本职工作的基础上，一定要有梦想，有野心，也要有强烈的上进心和求知欲；切勿安于现状，不要认为现在的状态就是最好的状态。在不努力的情况下，我们很快就会失去这种安逸状态，而只有不断努力，我们才能与周围的人和事情保持同步前进。当然，要想绝对进步，我们就要对自己提出更高的要求。

很多职场人士都会觉得现在的生活不是自己想要的，为此对现状不满；其实，越是想要改变现状，越是要积极地突破和超越自我。日复一日的工作也许是枯燥乏味的，我们却可以怀着创新的态度去对待工作，要拥有更大的格局和更长远的眼光。

具体来说，要想突破自我，我们就要做到以下几点。首先，不要在完成既定目标之后马上偃旗息鼓，而是要再接再厉，看到本职之外的工作，才能获得更多的成长和进步；其次，工作和努力的目的不是给老板看，也不是得到老板的认可和赞赏，而是为了自身成长奠定基础；再次，在本该努力的时候不要贪图享受，今天付出汗水和辛苦，明天才能有所收获；最后，不要知足常乐，而要永不知足，这样才能激励和鞭策自己再接再厉，再创辉煌。

第五章

坚持提升能力,有能力才能树立信心,实现梦想

不管在什么时候,也不管从事怎样的工作,在以学历为敲门砖敲开机会之门后,我们唯一要做的就是坚持提升能力,以能力证明自己的实力,以能力实现自己的梦想。只有具备相应的能力,我们才能树立信心;只有以能力去打拼,我们才会拥有更为广阔的人生舞台。

第五章
坚持提升能力，有能力才能树立信心，实现梦想

到底什么才是真正的"会"

人在职场，很多人误以为自己无所不能，什么都会，却丝毫没有意识到自己其实是"一瓶子不满，半瓶子晃荡"；虽然自我感觉良好，认为自己什么都能做好，却在现实面前受到残酷的教训之后，才恍然大悟自己只是一个"小虾米"，能力有限，根本无法真正做好所有的事情。每当这时，自信心难免会受到打击，甚至不知道如何自处。

其实，哪怕是名牌大学毕业的高材生，也不可能在走出校园之后无所不能。很多时候，我们在校园里学习的知识已经被日新月异的社会和时代淘汰了。对于这样残酷的现实，我们只能运用学习力坚持学习和成长，积极地学习新知识，通过实践提升自身各个方面的能力，并向他人学习经验。只有全方位地学习，不断地实践，让自己从事的工作熟能生巧，推陈出新，这样才能真正地"会"。

正如古人所说："授人以鱼，不如授人以渔"，这句话告诉我们，给他人鱼，他们总会吃完，不如教会他人捕鱼的方

法，这样他人才会有更多的鱼吃。既然现代社会知识更新的速度如此之快，只靠着在校园里获取的知识已经不足以应付工作了，那么我们就该更加积极主动地掌握学习的方法，才能保持终身学习力。

在整个公司里做项目方案的人中，静静当数第一人。不仅如此，她还积极地学习其他领域的知识，只不过和做项目方案相比，静静在其他领域中的能力并不突出，还没有达到"会"的程度。

什么是会呢？对于做项目方案，静静可以拍着胸脯说自己会，什么项目方案都难不倒自己。但是对于其他领域，静静还远远没有精通，所以也就不能大言不惭地说自己很会了。这段时间，上司原本想让静静负责一个综合项目，因此特意询问静静会不会剪辑视频，静静说："我只是跟着网上的教程学习了一段时间，不算精通，算不上会。"上司又问："那么，你能做文案策划吗？"静静接连摆手说："不行！不行！我的创意不够新奇，只是一知半解，要是欣赏文案还行，让我独立去做，只怕会耽误事情。"上司严肃地说："之前，你给我的印象是对于各个领域都有所涉猎，我误以为你很精通很多领域呢！既然你对这些方面都不擅长，那么我只能把项目交给娜娜完成了。"静静有些惊愕地看着上司，仿佛想不明白上司为何突然改变了主意。上司看透了静静的心思，说："所谓会，就是精通，而不是只知道皮毛。你知道，每个项目都关乎公司的效益，所以我们必须保证万无一失。你虽然擅长做项目，但是要想获得更大的舞台，就要积极地发展自己各方面的能力。"上司的话让静静哑口无言，她这才意识到自己没有集中精力学习某些技能是失策。

在招聘员工时，很多公司都要求员工要"会"。一个"会"字看似简单，实际上却很难真正做到，也很难完全符合"会"的要求。

"会"作为入门一家公司的基础，当然是越会越好。不仅招聘者明白这个道理，很多应聘者在完善简历推销自己的时候，也会尽量丰富自己的履历和技能，恨不得把自己只是有所耳闻的技能都写在简历上，从而给招聘者留下自己"上知天文，下知地理，无所不通"的印象。实际上，对于这些严重注水的简历，大多数招聘者都是无感的，因为他们很清楚这些简历的真实可信度不高。正是因为如此，招聘者只是以简历作为参考，还会对应聘者进行高标准的能力测试。这是因为百闻不如一见，再花哨的简历也不如亲眼看看应聘者在实际能力测试中的表现。

现代职场上，大多数公司里都是一个萝卜一个坑，每个人都各司其职，必须完成自己的本职工作。因而，绝大部分公司都有特别分明的能力评价标准，对于所有人一视同仁进行考核，行与不行都是泾渭分明的，而不能含糊其辞或者侥幸过关。这就对应聘者提出了要求，即要大胆地表现自己的特长和能力，对于自己不懂不会的方面，无须虚伪地掩饰。只有把自己的真实能力和水平展现给招聘者看，才能得到与自己的能力水平相匹配的工作。如果招聘者决定聘用在某些方面能力不足的应聘者，那么应聘者就可以大大方方地根据工作需要提升自身的能力，实现自身的成长和进步。

抓住问题，就是把握机会

很多人都不喜欢面对问题，这是因为他们误以为问题就是障碍。其实，换一个角度来看，问题何尝不是一种机会呢？很多情况下，问题的暴露恰恰意味着机会的到来，正是因为如此，才有人说危机也就是转机。基于这一点，我们应该全力发现问题，在找到问题的踪迹之后，毫不迟疑地抓住问题，这样才能抓住机遇，把握机会。

有人说，上帝总是公平的，在给一个人关上一扇门的同时，也会给这个人打开一扇窗。其实，面对问题，我们只需要换一个角度看待问题，换一个思路审视问题，就能为自己打开解决问题的新思路，帮助自己找到解决问题的新方法。常言道，不为失败找借口，只为成功找方法。这就意味着只要我们自己不放弃，任何问题都无法难倒我们。从现在开始，不要面对问题只知道怨声载道了。对于解决问题，抱怨不能起到任何作用，除了会导致我们怒气更盛，贻误时机之外，一无是处。既然如此，我们就要停止抱怨，积极地想办法解决问题，在感觉思路进入死胡同的时候，主动地打开另一扇窗，以发散性思维进行更多的尝试，相信功夫不负有心人，我们总能找到解决问题的方法。

人在职场，几乎每时每刻都在面对形形色色的问题，只要能够改变自己的心态，调整自己看待问题的态度，很多问题都能摇身一变成为机遇。例如，利用公司的危机展示自己的能力，从而改善自己给上司留下的印象，趁此机会赢得上司的认可；利用客户出现的问题，竭尽所能地帮助客户排忧解难，为客户提供优质高效的服务，这样就能征服客户，赢得客户的信任和托付；利用同事出现的问题，我们可以真诚地帮助同事，给予同事更多的支持和鼓励，这样就能与同事之间建立互相信任、彼此扶持的关系；利用上司出现的问题，积极地帮助上司解决问题，在此过程中证明自身具备很高的职业素养和能力，从而得到上司的器重；利用竞争对手出现的问题，没有落井下石，而是展现友谊第一、竞争第二的高姿态，帮助竞争对手渡过难关，这样既能够表现出自己的高风亮节，也能够为自己树立一个更加强大的对手，同时使自己不断成长，变得更加强大。

人在职场，即使问题不断出现，也不要因此而忧心忡忡，误以为自己麻烦缠身，根本不可能做出预期的成就。其实，越是面对诸多问题，我们越是应该感到庆幸，因为正是在解决问题的过程中，我们才能最大限度挖掘自身的潜力，激发自身的潜能，从而让自己获得宝贵的经验和体验，得到很多的锻炼。因此，我们的能力得以提升，我们的未来变得更加充满希望，更加值得期待。

某公司由丹丹负责一个客户的广告策划案和具体操作。最初，在进行广告策划的时候，各方面的工作进展还算顺利。随着具体操作的过程不断推进，很多方面的工作都出现了各种问题。对此，丹丹将其归结为客户的要求太多太过分，而且还经常当着同事的面抱怨这个客户很难伺候。

有一天，老板询问起丹丹广告策划的进展情况，丹丹趁此机会向老板吐槽："老板，这个客户太事儿了。您都不知道他的要求有多少。他就出那么点儿钱，还要有名的模特，拍摄出具有欧美风格的广告片。最过分的是，他要求在三个电视台同时刊登出他的广告，这就超出预算了呀！"听着丹丹喋喋不休的抱怨，老板气定神闲地说："那么，你觉得搞不定这个客户吗？你想半途而废吗？"丹丹把头摇得和拨浪鼓一样，说道："不！不！不！"老板笑着说："既然如此，那就解决问题呗，有什么好抱怨的呢！客户就是上帝，没有客户，我们吃什么喝什么？而且，你只要积极地想办法帮助客户解决问题，未来这个客户还有很多广告都会交给我们来做。一旦建立了信任,接下来的工作就会很顺利。所以,你必须满足客户的需求,如果你觉得自己能力有限,我也可以换其他人继续跟进这个客户。"被老板一番抢白,丹丹的脸上红一阵白一阵的,也感到特别委屈。但是她转念一想,认为老板说得有道理。在接下来的时间里,丹丹使出十八般武艺,全方位地满足了客户的需求,赢得了客户的好评。正如老板所预料的那样,后来这个客户只要有了广告需求,就会直接联系丹丹,因为他觉得既然已经和丹丹磨合好了,就没有必要再寻求新的合作伙伴了。丹丹凭着这个客户,接连几个月的工作业绩都位居全公司第一。她感慨地说:"原来,问题就是机会,危机就是转机啊!"

人在职场,面对各种不同难度的问题,都要迎难而上,而不是畏缩怯懦,因为逃避从来不是解决问题的方法。从公司的角度而言,如今绝大部分公司都不会养着闲人,所以公司招聘进来的每一个人都要具备解决相关问题的能力。换而言之,一个人解决问题能力的高低,决定了他能够爬到多高的位置,拥有多大的权限,获得多高的薪水。

偏偏有些职场人士非但不能发现问题和解决问题,反而还会制造很多问题,甚至本身就是公司的问题所在。举例而言,一个人的存在对于公司没有任何价值,所从事的劳动根本不值得获得那么高的薪水,一旦出现这样的情况,这个人就要为自己能否继续留在公司而担忧了。

职场就是如此冷酷无情,每个人唯一能够站稳职场的基础就是自身的能力。没有能力的人在职场里既无法得到职位和薪水,更无法得到同情和怜悯。反之,真正有能力的人在职场将会得到他人的崇拜,也会得到更大的舞台。面对各种问题,你看到的是烦恼还是机会,恰恰说明了你是弱者还是强者。

有价值的人不管走到哪里都受欢迎

有人的地方就有江湖,有江湖的地方就有是非,有是非的地方就有故事,有故事的地方就有流言蜚语。大多数人当然不愿意被卷入是是非非和流言蜚语的漩涡中,然而,在很多情况下,这又是难以避免的。最重要的在于,我们要从中学习,以此获得亲身体验,积累应对经验。在职场上,几乎所有公司的办公室里都有八卦新闻,有些办公室堪称是小道消息的集散地。哪怕公司里只是新进了一个保洁阿姨,办公室里的人也会马上把这个保洁阿姨的背景打听得清清楚楚,例如和某位公司领导是否有亲戚关系,是怎样的亲戚关系,亲戚关系是远还是近等。八卦的覆盖面之广,简直超出了我们的想象,可以说,只有我们想不到的,而没有八卦聊不到的。

俗话说,仁者见仁,智者见智。有些人聊八卦只是为了满足自己的好奇心,而有些人聊八卦则是为了从中打探消息和学习经验。从这个意义上来说,办公室里也是学习的好地方,有心的人总是能学到各种有用的知识和经验,也会收集很多有价

第五章
坚持提升能力，有能力才能树立信心，实现梦想

值的信息。在这样鱼龙混杂的办公室八卦圈里，要想在公司里站稳脚跟显然不是一件容易的事情，因为不但优点会被放大，缺点也会被无限放大。这就要求我们必须能够实现自身存在的价值，彰显出自己的真实的能力，才能为自己赢得一席之地，才能不管走到哪里都受人欢迎。

这天吃完午饭，亚伟又在办公室和人闲聊了。正巧，他闲聊的时候上司办公室的门虚掩着，所以把所有的聊天内容听得清清楚楚。只听亚伟故弄玄虚地对周围的同事说："哎，你们知道吗，公司里新来的王瑞可是来头不小啊！看看吧，他已经进公司三个月了都没有出任何业绩，但是却一点儿都不着急，每天还是乐呵呵的，这明显就是毫无压力嘛！"亚伟的话成功地激起其他同事的好奇心，同事们都着急地询问："快说，快说，他到底是什么来头啊？"亚伟继续神秘兮兮地说："根据可靠消息，王瑞的大舅哥是同行业某家公司的高管呢！之所以把他安排到咱们公司，就是因为不好直接放在手底下，怕引人非议。送到咱们公司，咱们老板只能把他当财神爷一样供着，因为咱们公司和王瑞大舅哥的公司还有合作呢！"

亚伟话音刚落，上司突然打开门走了出来，瞪大眼睛假装好奇地问亚伟。"亚伟，你说的这些事情我怎么不知道呢？你快点儿详细讲讲，让我也涨点儿见识。"亚伟被上司吓了一大

跳，周围的同事也都非常尴尬，赶紧作鸟兽散。

上司不依不饶地继续追问："亚伟，你倒是说说王瑞还有哪些特权，毕竟他有这么强大的背景啊！"亚伟支支吾吾、吞吞吐吐，好半天才说："我看，王瑞从来不遵守公司的规章制度，业绩越是不好，反而越是变本加厉了。"上司冷笑道："看来，你知道的内幕也不算多，让我来告诉你一些吧！你不知道的是，王瑞从三个月实习期过去之后就没有任何薪资补助了，他是自愿留下来想看看自己到底能不能开单的。我们有约在先，普通实习生三个月实习期内只需要做出2万业绩就能转正，但是他在这延长的3个月内必须做出4万业绩才能转正。如果你觉得他的待遇很好，你也可以给我打报告申请不要底薪，我肯定批准你，好吗？"亚伟尴尬极了，赶紧向上司认错，灰溜溜地开始处理手头上的工作了。

让亚伟更惊讶的是，在第五个月中，王瑞就凭着努力开了一个8万的大单。为了避免大家不明就里，胡乱揣测，王瑞还特意分享了自己开单的经过。当然，王瑞也大大方方承认自己的大舅哥的确是某家公司的高管，但是他表态："我只想靠着自己的努力获得成功，我和大家都是在同一个起跑线上的。"亚伟羞愧极了，那些曾经和他一起在背后非议王瑞的同事们，纷纷给王瑞送上了祝贺之词。后来，有几个同事还虚心向王瑞请教，想要和王瑞合作拿下项目呢！

第五章
坚持提升能力，有能力才能树立信心，实现梦想

一个人只要证实了自己的能力和价值，就能受到他人的欢迎。在职场上，固然有很多流言蜚语和小道消息，但是这些来路不正的消息都是不可靠的。哪怕我们成为了他人议论的对象，也无须惊慌失措，更不要灰心丧气，而是要继续努力，直到有一天赢得所有人的赞赏为止。人们常说，事实胜于雄辩，就是这个道理。

在职场上，很多人以为必须拼关系、拼背景才能帮助自己站稳脚跟，做成很多有价值、又有意义的事情，其实这是误解。现代职场上很少有闲人能够留下来的，与其说关系和背景是宝贵的资源，不如说实力和能力才是每个职场人士的杀手锏。

不可否认的是，在公司错综复杂的关系中，我们的确需要结识贵人，也的确会在很多情况下因为得到贵人的帮助而更加轻松地做好很多事情，但是这些都不是最重要的。最重要的是，我们不但要发挥能力证明自己，也要发挥能力为周围的人谋取福利。现代职场讲究团队合作，独木难成林，一个人哪怕能力再强，也不可能凭一己之力做好所有的事情。所以在团队关系中，每一个团队成员都应该有共同的目标，共同的利益，这样才能做好自己的分内之事，成为团队中不可或缺甚至至关重要的成员之一。

人在职场，要想获得更高的职位，赚取更多的薪水，拥有

更广阔的舞台展现自己,就要努力奋进。例如,在和上司相处的过程中,要竭尽全力完成上司交代的任务,这样才能赢得上司的信任和托付,在未来得到上司的器重委以重任。在与同事相处的过程中,不要吝啬自己的力气去帮助同事,人与人之间最讲究礼尚往来,也许今天我们帮助了同事,明天同事就会帮助我们。如果我们自身足够优秀,那么不需要我们向着上司和同事靠拢,上司和同事很有可能就会向着我们靠近,这就是有能力者独特的魅力。

在春天随时做好过冬的准备

俗话说，有时常思无时苦，丰年常积灾年粮。这句话告诉我们，有钱的时候不要骄奢浪费，而是要想到没钱时候就会受苦，从而勤俭节约；在丰收的年岁中，要有意识地积累粮食，这样等到因为受灾而颗粒无收的年岁中，才有粮食可吃，而不会忍饥挨饿。我们也要说，即使正在温暖的春天里，也要时刻做好过冬的准备，这是因为职场上的冬天并不像自然界一年四季的轮回那样是有规律可循的，很多外部的客观因素或者内部不可预期的主观因素都会影响职场，使得一夜入冬的情况时有发生。在这种情况下，如果在春天里就做好了随时过冬的准备，那么就不至于措手不及，无从招架。

在商业领域，这种情况更是屡见不鲜。一直以来，华为的当家人任正非都是居安思危，在2019年，事实验证了任正非的论断，美国果然宣布不再供应芯片给中国，而且禁止华为继续使用谷歌的安卓系统。在这样的危急时刻，面对这样的致命打击，华为丝毫没有慌乱，而是把自己从多年前就开始着手准备的B计划付诸实践，推出了鸿蒙操作系统。这次华为顺利度过危机，是与华为当家人居安思危，提前谋划和准备分不开的。

真正的强者很少会被一些突发的情况弄得措手不及，这是因为他们总是会在重要的时刻准备不止一套方案以备解决问题。虽然我们只是普通人，不像任正非一样是华为的当家人和掌门人，但是我们同样要学习任正非的危机意识，也要学习华为提前准备的做法。唯有提前做好切实可行的备案，我们才无须像赌徒一样心存侥幸，祈祷不要发生意外。然而，明天和意外到底哪个先来，没有人知道。不管是对于工作而言，还是对于生活而言，备案都是非常重要的，既体现了一个人的高瞻远瞩，也体现了一个人的长远规划能力，还体现了一个人的综合实力。

这天，上司正在办公室里查阅各种文件，田秘书急急忙忙地冲进办公室，来向上司求助。他着急地说："头儿，我看天气预报说明天的天气很不好，不但有大风大雨，还有可能下雪呢！这可怎么办啊？我们原本安排的都是外景拍摄。"上司说："你可以调整到摄影棚拍摄。"听到上司胸有成竹的话，田秘书非但没有放下心来，反而如同泄了气的皮球一样沮丧地说："我也想到临时调整在摄影棚内拍摄，但是我几分钟之前打电话预约摄影棚，发现摄影棚爆满，根本排不上队。"

看着田秘书一副大难临头的模样，上司忍不住叹息道："那么，你去影视园找宋先生。你告诉宋先生，我上个星期和他预约了摄影棚，就定在明天使用。谈完之后，你负责和他办理相关手续。此外，这种事情下不为例，你必须自己做好预案，而不要到了无法解决的时候来向我寻求帮助，我是你的领导，不是你的助理，如果什么事情都需要我搞定，我还要你做什么呢？"田秘书接连点头，也由衷地对上司竖起大拇指，说道："头儿，还是您高瞻远瞩。"上司说："批评的话我就不说了，我希望下次高瞻远瞩的人是你，而不是我。我们是摄影公司，受到天气因素的影响极大，不但要密切关注天气情况，还要把每件事情都想在前面，真正做到未雨绸缪。否则，你可没有机会升职加薪！"

在上述事例中，作为秘书，原本就是该为上司排忧解难的，却没有把可能发生的情况想在前面，导致自己非常被动。幸运的是，上司早早地就做好了备案，所以才能圆满地解决问题。

即使作为普通人，我们也要为自己准备好备案。这是因为每一件事情未必会按照我们的预期发展，而是会因为各种因素的作用发生偏移，甚至完全背离我们的初心。越是如此，我们越是要提前谋划，把各种可能发生的情况想在前面，做好解决的应急预案。虽然做人做事不能杞人忧天，也不要因为思虑过度而束手束脚，但是预先谋划是完全有必要的。预先谋划意味着胸有成竹，意味着准备充分，也意味着从容不迫。

哪怕此刻我们置身于温暖的春天，也要时刻做好准备迎接寒冬的到来。这是因为人生无常，世事也无常。与其等到事情发生的时候手忙脚乱，不如趁着事情还没有发生做好充分的准备，这样在危机到来的时候才有余力力挽狂澜。

第五章
坚持提升能力，有能力才能树立信心，实现梦想

不为失败找借口，只为成功找方法

　　大多数人只看到成功者头顶光环，荣耀加身，却忽略了成功者为了追求和获得成功，在背后付出了多少努力和艰辛。在这个世界上，从来没有天上掉馅饼的好事情，也没有人能够一蹴而就获得成功。绝大多数成功者追求成功的道路都是充满坎坷的，并不天遂人愿。这使他们经过千锤百炼，渐渐养成了只为成功找方法，不为失败找借口的好习惯。相比之下，有些人之所以屡屡遭受失败，恰恰是因为他们畏惧失败，一旦受到小小的挫折和打击，马上就想要放弃。不能坚持，正是他们遭遇失败的根本原因。正如俗话所说的，笑到最后的人才笑得最好，对于所有人而言都是这个道理。越是遭遇坎坷挫折，我们越是要有百折不挠的决心和勇气；失败和磨难越是越来势汹汹，我们越是要振奋精神，勇往直前。

　　心理学家经过研究发现，大多数人的先天条件都是相差无几的，之所以有的人成功，有的人失败，是因为他们后天努力的程度不同，也是因为他们对待失败的态度不同。既然如此，

哪怕天资平平，我们也应该全力以赴地努力，哪怕遭遇多次失败，我们也要一如既往地坚持。成功并非一蹴而就，哪怕在日常的工作中我们只能每天进步一点点，只要日久天长地持续下去，从不懈怠地积累下去，就能够从小进步变成大成功，这就是由量变到质变的过程。

静静的项目小组里有几个员工，都是进入公司不久的新人。为此，静静一边做项目，一边给每个人分配工作任务，还一边教授每个人工作的方法。这天，静静正在忙着，小军拿着一个文件夹敲门进入静静的办公室。原来，小军对于工作有些拿不准，想让静静给他把把关。

小军向静静汇报道："这个客户简直太难缠了，他的案子真是令人头疼。但是，老板偏偏非常看重这个客户和这个项目，还要求我明天直接向他汇报工作。头儿，我知道您很忙，不好意思来打扰您，但是我真的心里没底，所以还请您从百忙之中抽出时间给我把把关。"对于这个项目，静静有所了解，她从小军手中接过文件夹，简单扫了几眼。看完之后，她从旁边的架子上取下来一份新鲜出炉的方案递给小军，说道："你可以参考参考这份方案，这是我刚刚做出来的，但是仅供参考，不能照搬。"

小军惊讶极了，问道："头儿，您也做了一份方案啊！"

第五章
坚持提升能力，有能力才能树立信心，实现梦想

静静点点头，说道："你的判断是对的，老板的确非常重视这个项目，而且对于这个项目寄予了很大的期望。我就是担心你做得不够完美，非但不能准时汇报，还有可能耽误项目进度。这是我私底下做的，你可以参考修改，我想你如果综合两个方案的优点，那么就基本上能够过关了。"小军激动得连声感谢。

作为一个项目小组的管理者，静静当然是有能力的，也比手下的员工们想得更多。如果管理者的职责就是三下五除二地把所有工作分配给手底下的人完成，那么人人都能当好管理者。遗憾的是，管理工作没有那么简单，管理者也不是那么好做的。正是因为如此，静静才会主动做了一份方案，以便给自己的下属兜底。

每个人都不会无缘无故地失败，也不会无缘无故地成功。此外，一个人能力的高低并非只取决于天赋，而是取决于很多综合因素，如是否具备过硬的专业知识，是否建立了良好的人脉关系，是否储备了丰富的经验，是否提前做好了充分的准备应对突如其来的危机。只有在这些方面都做好准备，才能从容不迫地走向未来。举个最简单的例子，每年到了高考的日子，总有些考生因为迟到而上演飙车大戏，那么，为何不把路上可能出现的突发状况提前考虑好，做好预案呢？也有些高考生因为心理素质较差，过于紧张，所以在考试的过程中头脑一片空

白，发挥失常，压根没有表现出自己应有的水平。为此，他们非常懊悔，认为都是自己太紧张了。他们所不知道的是，高考不光在考查考生的知识水平，也在考查考生的身体素质和心理素质。不管是哪个方面出现意外，都说明考生的综合素质有所欠缺。如此想来，没有必要因为自己过于紧张就抱怨自己发挥失常，而是要提升自己的心理承受能力，增强自己的心理素质。不要再抱怨自己家距离考点很远，而是要意识到没有把各种交通突发情况纳入考虑范围，这原本就是一种失策。

要想成功，就要关注每一个细节，而失败也往往是因为一个不起眼的细节。在职场上，对于公司的很多规章制度，一些职场人士也颇有诟病，但是他们没有意识到的是，规章制度并非只针对某个人或者某部分人，而是针对所有人的。既然如此，我们就要把自己当成是集体的一分子，更多地从自己身上找原因。尤其是在同一家公司里，有的人职业表现平淡无奇，有的人职业表现却很出色，这就是差距所在。从现在开始，我们就要更多地反思自身，从自己身上寻找失败的原因，也积极地弥补自身的不足，而不要把责任都归咎于外界或者是他人。相信当我们真正做到这一点的时候，我们离成功就不远了。

第五章

坚持提升能力，有能力才能树立信心，实现梦想

优秀的猎手从来不缺猎物

要想更好地在社会上扎根和生存下去，我们就要提升自身的能力。这是因为能力的高低决定了我们是否具有自信心。一个人哪怕出身卑微，只要能力超群，也是充满自信的。反之，一个人即使出身于良好的家庭，所有的起点比他人都高，如果自身能力不足，那么他们也很难真正树立自信心。

在职场上的底层逻辑中，我们只有依靠能力才能解决很多问题。这使得能力成为基础逻辑，是必不可少的。作为职场人士，如果没有能力，那么不管从事多么简单的工作，都有可能面临举步维艰的境地。反之，如果能力超群，那么即使在工作过程中面对很多看似难以逾越的障碍，或者面对很多看似根本不可能解决的难题，依然会勇往直前，无所畏惧。这样的勇气正是来自能力，而能力也是职场人士过五关斩六将的力量源泉。

最近，公司正在和客户张总进行密切联系和洽谈，因为只要达成协议，公司就能和张总合作一个大项目。虽然人人都对

这个大项目垂涎三尺，但是大家都心知肚明，即这个大项目非常艰巨，也有很大的难度，虽然能够获得高额回报，但是与高额回报相伴的却是高风险。所以，从整体上来说，这个项目的操作难度很大，是块难啃的硬骨头。

思来想去，老板决定把这个项目交给小马负责。小马已经进入公司三年了，不但专业知识过硬，而且有着实际操作项目的丰富经验。最重要的是，小马有着不服输的精神，而且不管面对多么艰巨的任务都决不放弃。老板正是因为看中小马这一点，才决定让小马担当这个重任。原本，老板很委婉地表达了想把这个项目交给小马来完成的想法，也介绍了项目的难度和复杂情况，还没等到老板让小马慎重考虑，小马就毫不迟疑地说："放心吧，老板，就把这个项目交给我，我一定不负重托。"老板瞠目结舌，小马仿佛看透了老板的心思，继续说道："我知道这个项目非常艰巨，也有很大难度，但是事在人为，我相信凭着专业技术和丰富经验，我一定能够排除万难，达成目标。"老板被小马的自信所感染，当即允诺小马只要顺利完成这个项目，马上就给小马升职加薪。小马开心极了。

小马之所以敢于承接这个项目，是因为他相信自己的能力，也对自己的能力有信心。人在职场经常会听到身边的人说起能力二字，那么到底什么是能力呢？所谓能力，从本质上而言就是信心。一个人必须对公司有信心，对自己所处的团队有信心，也对自己充满信心，才能表现出超群的能力。反之，如果对上述这三者其中任何一者缺乏信心，那么个人的能力就会大打折扣。

在大海上，天气多变，时常会有暴风雨突然来袭。在远离陆地、四面都是海水的大海中，临阵脱逃是根本不可能实现的，那么唯一的选择就是勇敢地面对狂风暴雨，把整条船及船上的所有人都凝聚起来，齐心协力地熬过最艰难的时刻，这就是同舟共济的真实写照。人在职场，不要搞个人英雄主义，因为没有任何人能够只凭着一己之力就战胜所有的困难，解决所有的难题。正如好舵手从来不惧怕风浪，好猎手从来不惧怕虎狼，我们作为职场人也要充满信心和勇气去面对一切突发的或者是意料之外的事情。

对于每个人而言，竞争力的核心就是专业能力，信心的源泉也是专业能力。从这个意义上来说，每个人一旦发现自己缺乏信心，首先要反思自身的能力是否有所欠缺。如果是因为能力缺陷导致缺乏信心，那么就要尽快地提升能力。如果是因为其他方面的原因，例如没有进行充分学习，那么就要尽快查漏补缺，全方面提升自己的能力。现代社会中的竞争越来越激烈，各行各业都充满了竞争，所以切勿逃避和畏缩，只能勇敢无畏地面对。

第六章
形成好的态度,做一切事情都会水到渠成

心若改变,世界也随之改变。这句话告诉我们,不管做什么事情,首先都要端正态度。如果没有良好的态度,我们就不能心平气和地面对和解决很多事情,导致情况变得更糟糕。其实,很多问题看起来非常麻烦和棘手,甚至看似不能解决,这都是假象而已。只要我们保持好态度,积极地厘清这些事情的关系,那么很多事情就能水到渠成。

谦虚谨慎，常怀空杯心态

现代社会中，有些人特别骄傲，因为自己取得了小小的成绩，或者在天赋方面很突出，于是马上变得狂妄自大，认为自己是无人能及的，也因此目中无人，更不愿意向他人学习。其实，一个人即使能力再强，也会有缺点和不足，与其因为自己的一点点成绩就居高临下，不如摆正心态，保持谦虚谨慎的态度，积极地学习更多的知识，学习他人的经验。

不管是做人还是做事，谦虚谨慎都是必不可少的。谦虚谨慎的人从不高傲，更不会因为任何原因就藐视他人；谦虚谨慎的人从不张扬，他们谨言慎行，凡事都三思而行，所以很少因为冲动酿成大错；谦虚谨慎的人积极地学习，他们深知尺有所短寸有所长的道理，所以总是能够怀着空杯心态，主动学习他人的经验，尤其是在遇到超出自身能力范围的难题时，更会主动请教他人。正是因为怀有这样的心态，他们在职场上不但成为学习者，以极快的速度成长和进步，而且也成为了受欢迎的人，总是能够以温润的姿态和谦虚好学的态度赢得他人的赞赏。

一天中午，小丽拿着一份报告来到上司的办公室，说道："头儿，这是明天和客户谈判的事项清单，我已经一一列举出来了，是按照重要程度排序的，最重要在前，次要的在后，最无关紧要的排在最后。请您过目。"小丽自信满满，看起来已经做好了充分的准备。上司正准备夸赞小丽时，却在打开清单之后脸色骤变。小丽看到上司的脸色突然变得难看，不知所以，紧张地站在原地。

上司沉思片刻，问道："小丽，你确定你已经把所有谈判事项都列举出来了吗？"

原本充满自信的小丽，被上司这么一问，反而不知道该说什么。一会儿，她才说："头儿，您要是鸡蛋里挑骨头，那我可真的没办法。"上司被小丽的机灵逗笑了，说："其实，问题并不是出在你这份清单上，你想想你到底哪里错了。"小丽绞尽脑汁也不知道自己哪里错了，只好为难地站着，满脸涨得通红。上司说道："其实，你这份清单还是很详细的。问题出在你刚才的表达上。你告诉我已经列举了所有的谈判事项，如果我很轻信，那么我甚至不会过目这份清单，就直接拿着它与客户谈判。这样一来，清单万一有所疏漏，我们都很难发现。正确的做法是，你应该让我审查，看看有没有需要补充的谈判项目，这样我就会认真地审查清单，说不定还能帮你检查出一些遗漏呢！"上司的一番话使小丽心服口服，当即连连点头。

上司感慨地对小丽说："一个人哪怕非常细心，也不可能把事情面面俱到地考虑透彻。所以将来不管做什么工作，有自信是好的，但是千万不要自信过了头。此外，在职场上，每个人都从事不同的工作，所以一定要集思广益。一个策划案从你的角度来看也许是完美的，换作市场部的人来看就会觉得有疏漏，再换作公关部的人来看又会发现新的不足，明白了吗？"小丽真诚地对上司说："头儿，您说得对，真是听君一席话，胜读十年书啊！那么，就麻烦您帮我审查一下这份清单，有需要补充的谈判项目，您告诉我就好，我会马上补充的。"

一个人只有保持谦虚的心态，才会发自内心地尊重他人。反之，如果一个人不管做什么事情还是说什么话，都从自身的角度出发进行考量，而丝毫不把他人的意见和看法放在眼里，那么日久天长就会变得狂妄自大，也会因此而在工作上犯错误。

俗话说，小心驶得万年船，对待工作加倍认真细致总是没错的。人在职场，切勿动辄就不假思索地拍着胸脯保证什么，或者不负责任地夸口自己一定能够完成任务。每个人都需要退路，也都需要回旋的余地。越是目标远大，越是需要更长的时间才能实现，也就越会在实现目标的过程中面临很多困难和障碍。所以我们必须要谦虚低调，要保持空杯心态努力学习。

在工作的过程中，哪怕此前取得了了不起的成就，也要做到"好汉不提当年勇"，也就是说不要总是吃老本，凭着曾经的成绩妄自尊大。人人都向往成功，也都渴望获得成功，在真正取得成功之后，却很有可能被成功蒙蔽了双眼。人在职场，必须本着脚踏实地的原则，争取把每一件事情都做到极致，这样才能证明自身的能力，也才能让自己拥有更远大的前途。

第六章
形成好的态度，做一切事情都会水到渠成

认真观察，就能于细微处见真章

1485年，为了争夺王位，英王理查三世与亨利伯爵即将进行大决战。在做战前准备时，理查三世让马夫给他的战马掌钉，于是，马夫牵着理查三世的战马去了铁匠铺。最近这段时间以来，铁匠每天都忙于为国王的军队战马掌钉，此时已经没有铁片可用了。为此，铁匠请求先去找到铁片，再给国王的战马掌钉。不想，马夫很着急，当即怒声催促铁匠："战事吃紧，国王可是要打头阵给全体将士振奋士气的，怎么有时间给你去找铁片呢？"影响战事的罪名，铁匠可是承担不起，于是他只好截断一根铁条，将其加工成马掌钉。遗憾的是，用这根铁条制作的马掌钉只够钉三个马掌的，第四个马掌又没有钉子可用了。铁匠再次请求寻找铁片，并且提醒马夫如果只钉三个马掌，会导致不牢固，马夫却不以为然地说："上帝啊，我可不能因为这点儿小事情就被国王怪罪，还是将就一下吧。"就这样，马夫牵着只钉了三个马掌的战马给国王。

在率领全体将士冲锋陷阵时，国王的战马突然掉了一只马掌,因而"马失前蹄",国王毫无防备地被摔在地上,战马则因为受到惊吓而仓皇逃窜。看到国王在战斗中坠马,全体将士溃不成军,四处逃散。就这样,伯爵的军队大获全胜。国王绝望极了,他怎么也想不明白自己为何就因为一匹战马而丢掉了整个国家。很快,老百姓之间就流传着一首民谣:"少钉一个钉,掉了一只掌。掉了一只掌,折了一匹马。失去一匹马,败了一场仗。败了一场仗,毁了一个王。"

从这个历史上的经典事例中我们不难看出细节的重要性,正是因为如此,人们才说"失之毫厘,谬以千里"。为了做人和做事都能如愿以偿地获得想要的结果,我们必须更加关注细节。古人又云,一屋不扫何以扫天下,这也告诉我们做好小事的重要性。

现代职场上,虽然有很多规章制度,但是却很少有人遵守。这是因为时代的飞速发展使人心变得越来越浮躁,很多人不但没有规则意识,也没有关注细节的好习惯。所谓细节,就像是火箭上的一颗钉子,虽然不起眼却至关重要,而且会影响大局。要想关注细节,我们就要用心细致地观察。只有坚持观察,才能发现很多此前不曾留意的细节,也才能真正做好每一处。

第六章
形成好的态度，做一切事情都会水到渠成

宁静拿着一个文件夹，忧心忡忡地走入老板的办公室。只看宁静的表情，老板就知道这个喜形于色的女孩遇到了难题。果不其然，宁静沮丧地向老板汇报："老板，我搞不定陈总的项目了。整整一个星期过去，我连陈总的面都见不到。我每次联系陈总的秘书，她都说陈总不在北京，要么就说陈总在开会或者忙其他事情，总而言之就是不安排我和陈总见面。总是吃这样的闭门羹，我根本没有机会争取这个项目。"

看着宁静为难的样子，老板提醒宁静："要想见到正主，可得和秘书搞好关系，否则真的连正主的面都见不到。你没想办法送给陈总秘书一些小礼品吗？先和秘书搞好关系，才能顺利见到陈总。"宁静唉声叹气道："老板，我当然已经送了礼品，甚至还发了红包呢！但是都如石沉大海，一点儿回应都没有啊！"老板摇摇头，说："看来，陈总秘书的胃口还不小呢！这样，你只针对陈总秘书发一条朋友圈，就说我们有大型美容机构的大力度折扣名额，看看她能不能动心。"听了老板的建议，宁静茅塞顿开，当即对老板竖起大拇指，说道："老板，果然姜还是老的辣啊！"

宁静按照老板说的去做，果然，陈总的秘书主动联系宁静，询问美容机构的事情。原来，陈总的秘书做过双眼皮，还做过面部其他部位的微整，但是始终对于自己的容貌不满意。她其实已经关注宁静朋友圈里的美容机构很久了，只是因为价格昂贵所以始终没有去光顾罢了。有了这样的机会,她当然不愿意放过。就这样,宁静在陈总秘书的帮助下顺利约到了陈总,因为宁静的方案做得很完美,所以陈总很快就敲定了与宁静的合作。

在这个世界上,不管有多难的事情,只要坚持到底决不放弃,就一定能够想出有效的解决办法。老板之所以在宁静黔驴技穷的情况下一招制敌,就是因为他曾经见过陈总的秘书,也通过观察发现陈总的秘书很热衷于整容,这样才能做到投其所好。

所谓世上无难事,就怕有心人。人在职场,我们也要当有心人,认真观察上司、同事和客户的各种细节,这样在需要与对方打交道的时候才能做到投其所好,也能顺利地实现自己的目的。我们观察得越是细致,就越是能够把握对方感兴趣的点,从而成功地打动对方。

第六章
形成好的态度，做一切事情都会水到渠成

不挑剔工作，才能提升能力

很多职场新人都特别挑剔工作，因此他们为了维持生计而敷衍地选择一份工作先做着，又在做工作的过程中骑驴找马，试图寻找更适合自己的工作，或者是更符合自己预期的工作。这使得他们对待工作三心二意，压根无法做到全力投入。长此以往，他们动辄跳槽，虽然有多家公司的工作经验，对工作却都是蜻蜓点水，并没有深刻的理解和感悟。

即使始终坚守在同一个工作岗位上，也有一些职场人士挑剔工作。例如，他们对于自己擅长做的工作会大力欢迎，也会轻轻松松地做好；但是对于那些具有挑战性的工作，他们则很不愿意去做；尤其是那些对自己而言极具难度的工作，他们更是会想方设法地逃避。其实，如果一个人始终只从事轻松的工作，那么就不能有效地提升自己的能力。对于所有职场人士而言，要想保持进步的状态，就要不断地突破和超越自我，具体来说就是接受那些对自己而言有难度也有挑战性的工作。在最初做这些工作的时候，我们也许会倍感艰难，但是只要咬紧牙关、绞尽脑汁地想办法坚持下去，一回生二回熟，下次遇到类似的工作时，就会觉得相对容易了。如此循环往复，在持续挑战自我的过程中，达到快速提升自己能力的目的。

当然，除了不要逃避那些有难度的工作外，对于那些不起眼的工作，我们同样不能挑剔。对于看似不起眼的工作，很多人都会认为自己从事这样的工作完全是大材小用，而不愿意接受这样的小工作。这意味着我们的工作态度出了问题，任何工作，当我们俯身下去做的时候，一定能够在做的过程中有所收获和成长。正所谓不经历无以成经验，正是因为我们亲身去做了，才能骄傲地说自己做得很好。此外，有些小工作看似简单，实则也面临着各种挑战，这是需要亲身躬行才能有所感触和领悟的。

上司安排了一份新工作给王强，让王强与客户宋总对接项目。只看了一眼，王强就露出不屑一顾的表情，对上司说："头儿，杀鸡焉用牛刀，你不觉得让我负责这个项目太大材小用了吗？我建议你给我安排一个更加艰巨的工作任务，至于这些小事情，就交给职场新人去练手吧！"

对于王强的不满，上司不动声色，继续说道："你也联络一下这个项目的上下游公司，这个项目看着很小，实则很重要，我不放心交给新人。即便对于你，我也担心你能否顺利完成。"听到上司质疑自己的能力，王强被激发出争强好胜的心理，不服气地说道："好啊，既然你这么说，那么我就必须接下这个项目，向你证明我的实力了。对我而言，这个项目就是小菜一碟！"

但是，才一天过去，王强的自信就烟消云散了。傍晚时分，他哭丧着脸来找上司，抱怨道："头儿，我怎么这么倒霉呢！不但宋总不好说话，就连上下游的公司也和吃了枪药一样，仿佛他们压根不想与咱们合作。"上司忍俊不禁，说："记住你大言不惭说的话，接下来就看你的表现了！"王强却想把这份工作推辞掉，只是理由不再是这个项目不值一提，而是这个项目难度太大。上司依然坚持自己的安排，对王强说："没有难度，我还派出你这个老将做什么呢？放心吧，你只要搞定了这个项目里的对接人，未来不管面对多么难缠的客户，你都会手到擒来。"无奈，王强只好继续咬紧牙关干下去。果然如同上司所说的，在啃下这块硬骨头后，王强不管做什么项目，也不管对接怎样难缠的客户，都觉得轻轻松松。

如果一直做简单的事情，那么遇到略微有难度的事情，我们就会很难面对。反之，如果一直坚持做困难的事情，那么即使遇到有一定难度的事情，我们也不会觉得无法应对。这就像是练习钢琴曲，如果每隔一段时间都练习更难的乐曲，那么等到有朝一日回过头来演奏第一首有难度的曲子时，就会发现简直太容易了，也会演奏得行云流水。

生活中，人们常说由俭入奢易，由奢入俭难，正是这个道理。人在职场，既不要害怕工作太简单，也不要害怕工作太难，只要不挑剔工作，难易都干，就能事半功倍。脚踏实地地做好每一件事情，不但证明了自己的能力，也为公司创造了更大的价值，何乐而不为呢？

第六章
形成好的态度,做一切事情都会水到渠成

但求无过,永远做不好工作

记得西方国家有句谚语,"要想令人灭亡,必先使其疯狂"。这句话使我们对发疯有了误解,认为一切发疯的举动都是不值得提倡的,也是应该坚决禁止的。其实,这样的理解是错误的。在职场上,我们还应该知道另一句话,即"想成功,先发疯"。需要注意的是,这里所说的发疯不是失去理智,利令智昏的意思,而是告诫我们每个人都要敢想敢做,才能最大限度地发挥创造力,给生活和工作带来创新和改变。

不管是生活中,还是工作中,每一件事情都是需要靠人去做的。在这个世界上,真正禁锢我们的是我们的内心,当我们不敢想,自然就不敢尝试着去做,也必然远离成功。反之,当我们真正做到敢想敢干,也乐于积极地尝试,那么我们就没有办不成的事情。退一步而言,即使我们在尝试之后遭遇了失败,也会距离自己想要的结果越来越近。要想做到这一点,信心是关键,此外,还需要具备敢想、敢说、敢干的品质。

很多职场人士之所以如套中人一样每时每刻都在害怕会犯

错，恰恰是因为他们能力不足，勇气欠缺。正是因为如此，他们才始终秉承但求无过的工作态度，对待一切工作都墨守成规，得过且过。如果世上所有人都如他们一样，那么整个世界就会处于停滞状态，压根不可能得到任何发展。古往今来，一切有所成就的人都是富有想象力的，此外他们还具备当机立断、说干就干的品质。这样的果断使他们以最快的速度从平庸队伍中脱颖而出，就像一颗钉子一样从布袋子里钻出来，成为出类拔萃的人。

张经理最近一直在观察小薇工作上的表现，这是因为小薇进入公司已经三年，和她同批次入职的人都已经成为了项目负责人，但是小薇却始终原地踏步。如今，公司里实行末位淘汰制，张经理知道如果小薇不能有所改变，接下来很有可能会被淘汰。经过一番观察，张经理发现小薇特别排斥加班，每当公司有临时加班的时候，其他同事都在全力以赴地完成紧急工作任务，唯独小薇有磨洋工的表现，看似是在加班，实际上对待工作敷衍了事。

除此之外，小薇对待自己的分内之事也总是漠不关心。例如，张经理上个星期就让小薇负责一个项目的对接，但是七八天过去了，小薇还是没有主动联系客户。张经理责问小薇原因，小薇心虚地说："我担心自己主动联系客户，反而会言多

第六章
形成好的态度,做一切事情都会水到渠成

必失,反正双方都已经了解了合作的内容,我觉得咱们就不要节外生枝了。"张经理当即反问小薇:"如果你是客户,你愿意与不负责任的人合作吗?与客户对接,了解客户的动向,也加深对客户的了解,这是不可缺少的。如果你连这点儿小事情都做不好,到了要淘汰的时候,我可保不住你。"

小薇虽然对待工作不积极,却也不想失去这份工作,她急得满脸通红,对张经理说:"张经理,我马上就去对接,您放心吧!"张经理趁热打铁,告诉小薇:"如今的职场竞争激烈,一个人如果不求有功、但求无过,早晚会被淘汰掉。其实,作为管理者,我不害怕你犯错误,因为这至少说明你在努力。如果你总是停滞不前,那才是我最担心的。"经过张经理这一番敲打,小薇意识到现实的残酷,对待工作有了几分主动性。

在职场上,没有人能做到明哲保身,这是因为人人都要争先恐后地做出成绩,也要在实现末位淘汰制的情况下争取超越其他的同事。这就要求我们对待工作不能束手束脚,而是要放开手脚大胆去做。正如上述事例中张经理所说的,犯错不可怕,为了避免犯错就无所作为才是最可怕的。

职场上的很多人都和小薇一样,对待工作始终坚持"不求有功,但求无过"的心态。这样的心态从表面看来是求稳的表

179

现，却忽略了身边的其他人都在努力进取的事实。在一个大多数人都在奋力拼搏争取上进的团体中，不进则退是必然的。基于这一点，每一个职场人士都要大胆创新，勇敢尝试，才能突破自身所处的僵局，让自己始终坚持砥砺前行。

在工作的过程中，对于公司的态度，我们也应该有所了解。对于那些积极进步和成长，因为一不小心犯了错误的员工，公司未必会严厉地惩罚，反而有可能给予支持和鼓励。反之，对于那些畏惧承担责任，畏畏缩缩不思进取的员工，公司则会让他们付出代价。对于那些只想把事情做到合格的员工，他们的职场表现顶多60分，对于那些勇敢创新的员工，他们的职场表现很有可能高达100分。所以我们要摒弃但求无过的消极心态，在对待工作的时候拼尽全力争取做到最好，也在出现纰漏的时候积极勇敢地承担责任。唯有如此，我们才能始终保持进取的姿态，成为职场上真正的奋斗者。

不焦虑，从容面对一切

现代社会，因为各方面的综合原因，很多人都在不知不觉间陷入了焦虑的状态。有的人总是缺乏安全感，认为自己不管怎么做都没有办法掌控好所有事情；有的人害怕与人相处，认为自己性格有缺陷，只要与人相处就必然会遭人嫌弃；有的人担心自己丢掉工作，因而整天诚惶诚恐，不知道该如何才能恢复平静的内心；有的人盲目地嫉妒他人，还在不考虑自身能力的情况下试图超越他人……总而言之，大多数人都是患得患失，一会儿狂妄自大，一会儿卑微自贱。其实，这样的心态是要不得的。

在各种负面情绪中，焦虑情绪虽然不像愤怒那么极端和强烈，但是长期处于焦虑状态下，焦虑就会像毒虫一样吞噬人的内心。所以我们要重视焦虑情绪，也要积极地排遣负面情绪，让自己真正做到从容面对很多事情。

因为不合群而焦虑的人浪费大把的时间用于无效社交，却不知道这样的友情不堪一击，不如花费时间考几个含金量较高的证书更能够帮助自己获得大好前途。也有人过于焦虑,从上大学就开始考证书,到了参加工作依然对考各种证书乐此不疲,而忽略了"专业知识+经验"的组合才是王道,不知不觉间忽略了亲身实践。总而言之,焦虑使人变得像是无头苍蝇,总是找不到正确的方向。

要想消除焦虑情绪,我们就要淡定地面对自己的成长,思考自己的未来,确定自己想要怎样的人生。当今社会中,最焦虑的无疑是父母了。父母身在职场艰难打拼,看到孩子对待学习三心二意,无形之中就会把成人社会的压力投射到孩子身上,也会通过各种方式向孩子灌输拼搏、奋斗的观念。为了让孩子赢在起跑线上,他们还会想尽办法给孩子报名参加各种课外辅导班或者培训机构,很多孩子小小年纪从来没有享受过无忧无虑的周末和假期,不得不说,这是教育的悲哀。正如一位伟大的教育家所说的,如今的家庭教育面对的最大问题就是"急"。在每一个心急的父母背后,都有一个愁眉苦脸失去美好童年的孩子。这既是家庭教育问题,也是社会教育问题。

作为成年人,我们不应该以焦虑的情绪绑架孩子,也不要让自己陷入焦虑的情绪之中无法自拔。不管是面对生活还是面对工作,不焦虑才是最好的状态。人生是短暂的,也是漫长的,在人生中的不同阶段,每个人都有属于自己的成长方式。对于孩子而言,揠苗助长是要不得的;对于成人而言,为那些不值得的事情而焦虑，是徒劳无益地浪费生命。

从解决问题的角度来说，焦虑从来于事无补，反而有可能导致事情变得更加糟糕。众所周知，时间和精力都是非常宝贵的，与其将时间和精力白白地消耗在焦虑中，不如争分夺秒地享受快乐，坚持自我成长，相信在坚持和积累下会有令人惊喜的收获。

曾经，有一位心理学家针对很多人进行了实验。他让实验对象把焦虑的事情一条一条地写在纸上，并且署名。然后，他把这些写满焦虑的调查问卷收集起来，小心存放。一段时间之后，他召集实验者，并且根据署名把调查问卷发放给每个人。他问大家："你们焦虑的事情真的发生了吗？"事实证明，在这么多人中，只有两个人焦虑的事情真的发生了，而其他人焦虑的事情都没有发生。心理学家告诉大家："可见，焦虑并不会影响任何事情的结果，必然要发生的事情还是发生了，没有因为你的焦虑得以避免；不会发生的事情终究没有发生，没有因为你的焦虑而真的发生。既然如此，我们还有什么必要焦虑呢？"心理学家的话让大家全都茅塞顿开。

虽然很多人都知道焦虑毫无用处的道理，但是依然有很多人还是难以控制自己陷入焦虑的状态中。具体来讲，要想摆脱焦虑，就要做到以下几点：

1. 控制好自己的情绪，不以物喜，不以己悲。大多数爱焦虑的人都很容易受到外部环境的影响，既然如此，就要从根源上控制情绪，才能成为情绪的主宰。

2. 不要盲目羡慕他人。很多现代人之所以焦虑，就是因为特别羡慕他人，总觉得他人不管哪个方面都比自己更好，因而就陷入了羡慕嫉妒恨的怪圈之中无法自拔。所以既不要以自己的优点与他人的缺点比较，也不要以他人的优点与自己的缺点比较。最好的方法是与自己比较，只要有所进步，就该感到满足。

3. 学会独处。有相当一部分人之所以焦虑，是因为害怕独处。其实，每个人在这个世界上都注定是孤独的，只有学会独处，我们才能认清自己的内心，也才能真正做到享受孤独和寂寞。

第七章

学会沟通,与他人之间建立顺畅的交流渠道

　　不管置身于怎样的外部环境中,人与人之间都要学会沟通,才能彼此表情达意,让一切进展更加顺利。如果没有沟通作为桥梁,我们就很难准确地把自己的所思所想传达给他人,也很难从他人那里获取重要的信息。由此可见,学会沟通是至关重要的。

不啰唆，养成言简意赅的好习惯

如果是和朋友闲聊，我们当然可以任由思绪飘飞，放纵自己，天马行空地想说什么就说什么，而无须讲求效果和效率。但是在职场上，正式的沟通截然不同。正式的沟通有明确的目的，一切表达都以实现预期目的为导向。又因为大多数职场人士时间宝贵，尤其是作为管理者的时间更是非常宝贵，那么在沟通的过程中一定要养成言简意赅的好习惯，切勿啰里啰唆地浪费时间。

由此可见，节省时间是沟通的基础和原则之一，只有以此为前提，有效沟通才能达到预期的目的和效果。遗憾的是，职场上的很多人都喜欢把简单的事情说得复杂，仿佛不这么做就不足以表现出自己的能力。其实，这样的想法大错特错。在任何公司里，精明强干的人都是最受欢迎的，而他们的显著特点之 就是言简意赅。对于一件事情，如果能用三言两语表述清楚，就不要喋喋不休，说个没完没了；如果能花费几分钟的时间阐述明白，就不要浪费大量时间用于沟通。沟通最终的目的就是彼此了解，知晓对方的真实想法。那么，如何才能做到言简意赅，用最少的时间实现最佳的沟通效果呢？这就要求我们必须做到以下几点：

1. 三思而言，即在真正开始表达之前，总结和凝练自己的语言，明确自己应该说什么，不应该说什么。

2. 采取适当的修辞手法，如打比方的方法，或者类比的方法，都能够帮助对方了解我们的真实意思。

3. 真诚友善，心平气和。有些人一旦沟通不顺畅就会怒气冲天，这就使双方的沟通产生诸多误解。要想避免这种情况，必须真诚友善地对待他人，也保持心平气和的沟通状态。

4. 避免带有主观色彩，避免先入为主，要学会倾听。倾听是有效沟通的第一步，如果我们只是带着强烈的主观色彩说个没完没了，那么根本不可能真正了解对方的所思所想和真实意图。

在与客户正式会面之前，老板把准备会谈资料的重任交给了小贾。小贾平日里工作很认真，也很负责，偏偏这一次出现了一些小差错。老板毫不知情，拿着有瑕疵的资料和客户见面，结果被客户发现了资料中的不完美之处，客户狠狠地数落了老板。老板尴尬极了，脸上红一阵白一阵，除了一个劲儿地向客户道歉之外，没有任何其他的办法。

在与客户结束会谈回公司的路上，小贾赶紧向老板道歉，他说:"老板,对不起,都怪我没有发现资料的不足,害得您被客户抱怨。"老板意味深长地看了小贾一眼,说道:"小贾,我的确没想到你会在这么简单的问题上犯错误。"小贾羞愧得无地自容,接二连三地向老板道歉,还喋喋不休地说:"老板,要不您狠狠批评我一顿吧!这样我心里还好过些。要不然,你扣掉我这个月的奖金,以示惩罚……"小贾还没说完话,老板就说:"小贾,我认为你只需要说一句话就能起到良好的效果,即保证以后再也不犯同样的错误。时间是很宝贵的,并且说对不起的次数越多,就意味着越是不真诚,明白吗?"

人在职场犯错误总是难免的,有些错误是因为疏忽大意,有些错误则是因为不小心,还有的错误是无法避免的。既然如此,在犯了错误之后,一味地抱怨自己是不可行的,尤其是反复地向给自己的错误背锅的人道歉,更是会浪费对方的宝贵时间。作为管理者,当然知道员工会犯各种各样的错误,所以必须有大格局,有大胸怀。那么对于员工而言,即使犯了错误也不要惊慌失措,最重要的在于积极地从错误中汲取经验和教训,避免未来再次犯同样的错误。

除了犯错之外,职场上还有更多各种各样的事情需要我们与他人沟通。事实证明,很多职场人士把大部分的时间都浪费在无效沟通上。在意识到这一点后,我们就要积极地调整心态,改变沟通的方式,尤其是要养成良好的沟通习惯,这样才能做到开门见山、言简意赅。为了避免啰唆,我们还要学会原谅自己。当自己因为各种原因而没有把一件事情做得圆满时,最重要的不是抱怨自己,也不是道歉,而是反思自己的错误,主动地改正错误或者弥补不足。人,总是要学会向前看的,与其为了已经犯下的错误反复道歉,不如保证自己在未来会做得更好。

第七章
学会沟通，与他人之间建立顺畅的交流渠道

批评是一种艺术

每当他人犯了错误牵连到我们时，每当他人的所作所为无法达到我们的要求时，每当他人的言行伤害我们时，我们都会忍不住生气。在愤怒和冲动的驱使下，我们很有可能会不假思索地批评他人，当然，如果我们还有自控力，那么也许会有所考量地批评他人。人在职场，既然难以避免犯错，也就必然会受到批评。作为普通的职员，一旦出现失职，就会因为不能圆满完成工作而受到批评；作为管理者，一旦发现员工的表现欠佳，就会因为失望而批评员工。除此之外，哪怕是在同级的职员之间，也常常会因为团队合作的诸多问题而对他人心怀不满，忍不住批评他人。

人与人相处必然要沟通，在沟通的过程中，批评时有发生，屡见不鲜。遗憾的是，很少有人意识到，批评是一种艺术。如果不考虑批评的作用和效果，也不顾及被批评者的感受，只是无所顾忌地表达自己的不满情绪或者愤怒情绪，那么批评显然是最容易的事情。然而，事实并非如此。批评本身并

不是我们以语言指责他人为目的，批评只是一种实现目的的方式，真正的目的在于我们要通过批评，帮助他人认识到自己的错误和不足，从而督促和激励他人积极地改进。只有明白这一点，在批评他人的过程中，我们才能始终牢记初心，避免把批评作为单纯发泄情绪的方式。与此同时，我们也会有意识地思考采取怎样的方式批评他人，才能起到预期的效果和作用。

同样一句话，表达的方式不同，所起到的作用是截然不同的。此外，在表达的过程中，任何细微的改变都会影响表达效果，例如声调的高低、语气是否委婉等。看到这里，相信读者朋友们一定会意识到，批评不是不分青红皂白的责怪，也不是歇斯底里地发泄，而是有目的有组织地运用语言，促使对方做出改变。这就要求我们必须认识到批评是一种艺术，既是语言的艺术，也是人际交往的艺术。在职场上，一个人要想八面玲珑，既发挥自己作为管理者或者负责人的威风，又不至于因为一时言语不当而失去人心所向，就必须学会批评的艺术。

批评有很多种方式。直截了当的批评往往使人下不来台，尤其是对于那些原本就很自卑敏感的员工而言，他们很难承受这样单刀直入的批评方式，不过，对于那些性格直爽、自信心强的人来说，这种批评方式倒是很适宜的。那么，对于内心敏感的员工而言，应该采取怎样的批评方式呢？例如，三明治批评法。所谓三明治批评法，就是先表扬对方，然后指出对方的不足，最后再对对方表达期望和信任。如此一来，受到批评的人就不会感到尴尬和难堪，反而会因为得到了表扬，被寄予期望，而主动地改正错误，弥补不足。可见三明治批评法是非常高明的批评方法，效果事半功倍。除此之外，还可以意在言外，即明面上是说一件事情，实际上是说另外一件事情，这种批评法能够给对方留面子，适合用来批评那些非常聪明、领悟力极强的员工。既然人人都会犯错，那么人人都有可能受到批评。根据不同的批评对象，以就事论事为原则，我们可以采取很多方式批评他人。与此同时，对于他人的批评，我们也要积极地采纳，虚心地接受，不要排斥和抵触。

卡耐基是伟大的成功学大师，他为人宽厚，很擅长以幽默的方式批评他人。一天傍晚，卡耐基拎着公文包急急忙忙地回到办公室，对秘书莫莉说："莫莉，麻烦你帮我准备演讲稿，我明天就要演讲。"说着，卡耐基把演讲的题目放在了莫莉的办公桌上，又拿着公文包匆匆离开了办公室。莫莉当即就开始为卡耐基准备演讲稿，她有点儿着急，因为此刻距离下班时间不到一个小时了，她下班之后还要约会，所以不想加班。情急之下，莫莉随手拿起了桌子上的一个演讲题目，却忽略了这个演讲题目并非是卡耐基刚刚放在办公桌上的。莫莉准备好演讲稿之后将其放在卡耐基的办公桌上，就下班了。

第二天一大早，卡耐基就来到办公室，拿起莫莉准备好的演讲稿，赶到演讲的地方，开始根据演讲稿发表演讲。然而，他照着演讲稿才发表了一句演讲，听众们就全都忍俊不禁哈哈大笑起来。卡耐基仔细看了一眼演讲稿，发现演讲稿是关于怎样提高奶牛产奶量的。这与他此前预定的演讲题目——怎样获得成功完全不沾边。卡耐基尴尬极了，马上把演讲稿放在演讲台上，继续演讲："无疑，能够提升奶牛的产奶量，也是一种巨大的成功。但是，我今天更想换一个角度和大家探讨关于成功的问题……"卡耐基非常聪明，随机应变地转换了话题，针对今天的演讲题目临场发挥，进行了一场精彩的演讲。在结束演讲时，卡耐基赢得了所有听众的热烈掌声和极高的评价。

结束演讲后，卡耐基回到办公室，莫莉迫不及待地问："卡耐基先生，今天的演讲肯定很精彩吧！"卡耐基笑着说："的确，当我说起怎样提升奶牛的产奶量时，原本想要听到如何获得成功的听众们全都哈哈大笑起来。"卡耐基一边说，一边把演讲稿还给莫莉。莫莉羞愧极了，当即向卡耐基保证道："卡耐基先生，我很抱歉，都是我的错。"卡耐基云淡风轻地说："感谢你提供了这个机会，让我得以证明自己当众演讲的能力还是很强的。但是，我可不想再接受这样的考验了。"莫莉当即保证再也不犯同样的错误，此后，她对待工作加倍认真细致。

换作其他人，一定会因为当众出糗而责怪莫莉。但是，卡耐基没有这么做。他可不想换一个新的秘书，所以便对莫莉采取了宽容的态度，也以幽默的方式提醒莫莉不要再犯同样的错误，这样的幽默和宽容反倒起到了很好的批评效果。

批评，一方面是为了给犯错的员工施加压力，另一方面则是为了帮助他们缓解压力，从而让他们在主动反思错误和积极改正的情况下，提升工作能力，使自己变得真正强大起来。这，才是批评的终极目的。

不要轻易否定他人

任何时候，都不要轻易否定他人，这是因为你的否定会使他人原本上扬的嘴角耷拉下来，会使他人原本绽放的心情消沉低落，会使你与他人之间原本还算友好的关系瞬间蒙上尘埃。偏偏有人习惯性地否定他人，仿佛只有这么做才能表现出他们的眼光独特，言辞犀利。这当然不是一个好习惯，否定他人的人很少拥有好人缘，而被人冠以"毒舌"的美名。

在网络上，有很多喷子最喜欢做的事情就是否定和打击他人，仿佛以此为乐。我们需要认识到的是，否定他人并不能使我们自己得到认同。既然如此，为何要做损人不利己的事情呢？西方国家有句谚语，叫作"赠人玫瑰，手有余香"。同样的道理，言语温和也能使我们与他人之间建立良好的关系，帮助我们给他人留下良好的印象。

作为职场新人，小杜最近感到特别艰难。原来，他虽然在大学里出类拔萃，却缺乏职场经验，所以面对工作感到力不从心。就在小杜打起退堂鼓,想要辞职时,却发生了意想不到的事。一天,小杜忐忑不安地拿着策划案去找上司复命,上司看了策划案之后,对小杜说:"小杜,最近你的进步很大,策划案的水平明显提升。好好干,年轻人,未来可期啊!"上司没有发现,小杜在听到这句话之后眼睛里明显有了光。

正是因为得到了上司这句漫不经心的认可,小杜对待工作再次充满了希望。他打消了离开公司的念头,继续全力以赴地投入工作中。在一段时间的坚持后,小杜的工作果然有了起色,因为做过几个出色的策划案,小杜还深得上司器重。在一次聚餐上,小杜端起酒杯由衷地感谢了上司,尤其感谢了上司对他的鼓励和支持。上司有些丈二和尚摸不着头脑,他压根想不起来自己什么时候表扬过小杜。后来,小杜一字不差地说起上司曾经给予他的认可和鼓励,上司才恍然大悟。

正是因为得到了上司的认可和赞赏,小杜才能熬过那段艰难的日子,真正证明了自己的价值和意义。我们可以设想一下,如果上司否定了小杜,或者打击了小杜,那么小杜很有可能已经离开了这家公司,此刻正在新公司里苦苦挣扎呢!这就是肯定和认可的魅力。

常言道,良言一句三冬暖,恶语伤人六月寒。我们真诚地鼓励他人,他人必然记在心中,也从中汲取力量;我们冷言冷语地嘲讽他人，他人必然也牢记于心，甚至心灰意冷，也对我们心怀芥蒂。人们常说，说出去的话就像是泼出去的水，是不可能收回来的。既然如此，我们就要谨言慎行，要意识到语言的重要性和杀伤力，切勿不假思索、口无遮拦或者漫不经心地否定他人。

否定别人是一种病，会给他人的生活带来巨大的变化。这种病非常愚蠢，不但使自己失去了好人缘，也使他人心灰意冷，陷入消极的心态之中。当我们过于看重他人，也对他人怀有羡慕嫉妒的复杂心态时，就会情不自禁地否定他人，这主要是因为我们不敢面对他人的长处，日久天长，我们就会被自卑的情绪困扰。很多人习惯于否定他人，还表现为喜欢与人抬杠，其实，这也使我们自身备受打击。正如一个人要想得到他人的尊重，就要首先尊重他人是一样的道理，一个人要想得到他人的认可，也要首先认可他人。

要想养成肯定他人的好习惯，我们就要做到以下几点：

首先，时刻牢记没有人喜欢被否定。古人云，己所不欲，勿施于人。既然我们自己不喜欢被人否定，所以也就不要否定他人。如果与他人的意见不同，那么可以以补充的方式阐明自己的观点，这样才不会招致他人的反感，也才更容易被人所接受。

其次，以有力的方式表达对他人的肯定，例如细致入微地赞美他人，赞美他人不为人知的优点，给予他人更多的认可。

最后，看到他人的闪光点，自己才能闪闪发光。我们应该学着发现他人的闪光点，这样他人才会看到我们的闪光点。

任何时候，都要给人留面子

人人都很爱面子，所以在沟通的过程中，一定要给人留面子。有些人说起话来尖酸刻薄，只害怕挖苦讽刺别人的力度还不够，而丝毫没有意识到既然自己爱面子，别人也一定是爱面子的。退而言之，他们也许认识到他人很爱面子，却故意想让他人丢了面子。对于这些人而言，在损害他人颜面的同时，也许从表面看来维护了自己的面子，实际上却暴露了自己的本质。

尤其是在职场上，面子问题更加重要。很多情况下，一个人也许能够让出自己的一些利益，却要坚决维护自己的面子。这就决定了在沟通的过程中，我们始终都要坚持一个原则，即给人留面子。在顾及他人颜面的情况下，他人很有可能虚心采纳我们的意见或者建议；但是，在损害他人颜面的情况下，他人很有可能明知道我们所说的是正确的，还是故意拒绝我们，甚至当众让我们下不来台。相信每个人都想要获得双赢的结果，而不想损害自己和他人的颜面，那么在沟通时一定要顾及他人的颜面。

这一天,安然来到上司的办公室,对着上司一通抱怨。原来,她认为同事小吕分不清好赖,狗咬吕洞宾——不识好人心。事情的经过是这样的,安然作为项目成员之一,无意间发现小吕做的预算出现了错误,于是当即当着所有成员的面指出了小吕的错误。安然还沾沾自喜地说:"小吕,幸亏我发现这个错误了,否则你给公司造成严重的损失,可就麻烦大了。说吧,你准备请我吃什么大餐?"和安然的高兴截然不同的是,小吕显得特别尴尬,一时之间瞠目结舌,压根不知道应该说些什么。这个时候,安然继续说道:"你呀,你负责预算,是和钱打交道的,以后可得小心点儿。"不想,小吕回过神来,丝毫不领情地怒怼安然:"安姐,我记得核查预算不是您的工作吧!这份预算我本来也没打算直接交上去,我是要自己进行核查的,没想到却被你抢先了。"听了小吕的话,安然气得哑口无言,心中暗暗抱怨道:"什么东西啊?我帮了你,你不领情也就罢了,还责怪我!我就该保持沉默,让老板发现你犯了这样的严重错误!"这么想着,安然生气地离开了。

安然怎么想都无法消除怒气,一气之下居然来找上司吐槽。上司了解了事情的始末,说道:"如果我是小吕,我也不领你的情。"安然惊讶地问道:"为什么啊?您可是领导,有大觉悟的。"上司笑着说:"当然,我还是欢迎你为我指出错误的,只是不喜欢你在大庭广众之下让我出糗。你可知道小吕进入公司时间不长,正在好好表现的关键时期呢!你这样当众指出他

第七章
学会沟通，与他人之间建立顺畅的交流渠道

的错误，他当然会感到尴尬了。"安然一拍脑门，恍然大悟。

每个人都会犯错误，从不犯错误的是神仙。职场上，在为他人指出错误的时候，我们一定要讲究方式方法，切勿随意地当众指出他人的错误。尤其是在我们与他人属于同等级别的情况下，贸然指出他人的错误，只会让他人觉得尴尬和难堪。

高情商的人不会以口无遮拦的方式让他人当众出丑，哪怕本意和出发点的确是好的，也要顾及他人的颜面。对待同事如此，对待下属更是如此。人一旦被丢了面子，尊严碎了一地，那么就会无所顾忌地做出很多出格的事情。所以要想让一个人变得如同我们所期望的那样，打压和嘲讽是要不得的，尊重和平等对待才是关键所在。

在人际沟通的过程中，人与人之间经常发生误解，而很难在各种情况下都保持互相理解的常态。这是因为人是直观动物，很多人都会在无意识的状态下从自身的角度出发，以自己为中心思考各种问题。对于人而言，很难真正做到换位思考，这也就导致人总是误解他人，在与他人相处的过程中面临各种困难和障碍。唯有彻底摒弃以自我为中心的错误想法，我们才能在与他人的沟通和相处中更多地站在他人的立场和角度上思考问题，真正做到理解和体谅他人。从某种意义上来说，给他人留面子，也就是给自己留面子，正所谓己所不欲，勿施于人，也正所谓想要得到他人怎样的对待，就要首先以同样的方式对待他人。

从最佳角度切入，沟通事半功倍

沟通是有切入点的，就像我们看待很多事物都有切入点一样，沟通也要选择合适的切入点，才能起到事半功倍的作用。如果以不恰当的话题，或者是以不好的切入点开始谈话，那么往往会导致沟通事与愿违，也会导致沟通的效果大打折扣。

那么，如何选择沟通的最佳角度呢？首先，我们需要充分了解沟通对象，知道对方的脾气秉性和兴趣爱好，也知道对方在这次沟通中想要达到的目的。其次，我们需要掌握语言的艺术，知道怎样把话说得好听，从而成功地打动对方的心。再次，我们要投其所好。所谓话不投机半句多，在沟通的过程中，有了合适的话题和正确的切入点，还要能够投其所好，让自己的每句话都被对方听到心里去。最后，我们要积极地给予对方回应，而切勿打断对方。所谓积极地回应对方，未必是以长篇大论打动对方，而是可以给对方一个眼神、一个点头示意的动作，还可以以简单的"嗯"等回应对方。这样一来，对方才有兴趣继续说下去，也才会谈兴盎然。

第七章

学会沟通，与他人之间建立顺畅的交流渠道

有了好的开始，沟通就相当于成功了一半。作为职场人士，提升沟通的能力，掌握沟通的技巧，是必须做到的。

小马负责对接的项目做得很不好，他自觉无法向客户交代，也不知道如何给予客户反馈，所以特意请教经验丰富的同事老张。听完小马讲述了事情的经过，老张说："小马，我知道你的担心，你是怕和客户谈崩了，这个项目就彻底黄了。"小马连连点头，说道："现在的情况是，我必须把进展情况反馈给客户，但是我又不想把客户惹毛了，而是想要继续维系客户。"老张沉思片刻，说；"那么，你必须选好切入点，切勿让客户一言不合就终止合作。"小马为难地说："我就是不知道如何切入，才能给客户灭火呢！"

老张不愧是经验丰富的资深人士，他思来想去，给小马出了个好主意。他让小马先告诉客户好消息，如项目得以推进的程度、已经取得的成绩等。在观察客户情绪不错的情况下，再轻描淡写地提起项目美中不足的地方。这样一来，客户也就不好意思当场发火了。看着小马迟疑不定的模样，老张又说："这么做还有一个好处，那就是能给你争取到更多的时间，进行补救。除此之外，我想不出更好的方法了。"小马经过慎重的思考，用心地组织了语言，最终按照老张的思路和客户进行了沟通。果不其然，客户在听到好消息之后听到坏消息，虽然感到遗憾和不悦，却也没有当即否定小马。采取了这个缓兵之

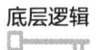

计后，小马当即想方设法地推进项目，完善项目的不足之处，等到客户提出要全面考察项目时，项目已经得以完善了。

没有人喜欢受到当头一棒，客户也是如此。每一个客户在经过全面的考量和慎重的思考之后，之所以决定把项目委托给某个公司的某个人负责，恰恰意味着客户对于这个公司和这个人寄予了厚望。所以当意识到自己工作不力时，我们首先要想到客户很有可能因此而感到失望。没错，大多数客户首先感到的是失望，其次才是愤怒。

既然认识了大部分客户的普遍心理，我们就能够有针对性地寻找切入点了。即我们应该以与客户的共同利益为切入点，这样可以在第一时间与客户站在同一个战壕里，避免了客户与我们对立起来。此外，伸手不打笑脸人，我们还应该先列举自己为客户谋取的利益或者福利，这样客户哪怕知道因为我们的原因而蒙受了小小的损失，也会顾念旧情。其实，不管采取哪种做法，目的都在于为自己争取时间，给客户一个心理缓冲期，这样才能在后续的过程中抓住机会，把自己在工作方面做得不合格的地方告诉客户。

在以合适的话题、合适的时机，以正确的切入点展开谈话时，我们还要注意很多细节问题，如态度、预期等，这些细节都会影响沟通的成败。

参考文献

[1] 刘润.底层逻辑：看清这个世界的底牌[M].北京：机械工业出版社，2021.

[2] 张羽.底层逻辑：半秒钟看透问题本质[M].北京：中国友谊出版公司，2019.

[3] 吕白.底层逻辑[M].长沙：湖南文艺出版社，2021.

[4] 水木然.人间清醒：底层逻辑和顶层认知[M].杭州：浙江人民出版社，2022.